発見!マンガ図鑑

NHK

生きもの新伝説

ダーウィンが来た!

【新装版】

野生のおきて サバイバル編

チャールズ・ダーウィン
(1809～1882)

「生《い》きものは、環境《かんきょう》にあわせて進化《しんか》し、環境《かんきょう》にあったものが子孫《しそん》を増《ふ》やす」という「ダーウィン進化論《しんかろん》」をとなえ、生物学《せいぶつがく》に革命《かくめい》を起《お》こした。

動《どう》物《ぶつ》発《はっ》見《けん》！ 冒険《ぼうけん》マップ

チャールズ・ダーウィンは、いろいろな動物《どうぶつ》に出会《であ》うために、世界中《せかいじゅう》を探険《たんけん》しました。
ダーウィンの探険《たんけん》から170年《ねん》以上《いじょう》たった今《いま》、今度《こんど》はわたしたちが、探険《たんけん》にでる番《ばん》です。
ページをめくって、世界中《せかいじゅう》を冒険《ぼうけん》しましょう！

ライオン新王《しんおう》誕生《たんじょう》!

Q
オス同士《どうし》の決闘《けっとう》。
勝負《しょうぶ》の決《き》め方《かた》は?

パンチ!
王《おう》に……
なりたい……

答《こた》えは26ページ!

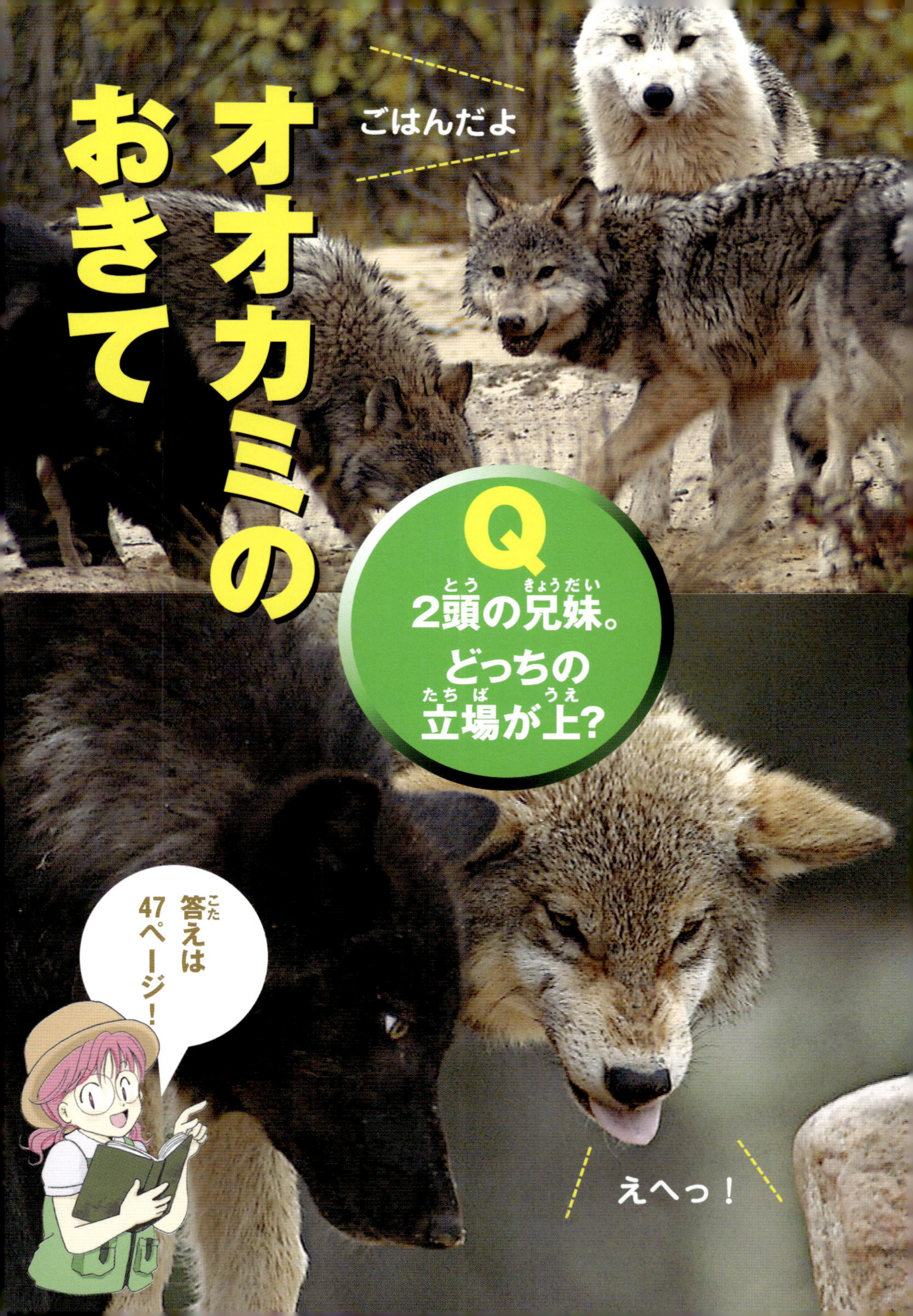

オオカミのおきて
ごはんだよ
Q
2頭《とう》の兄妹《きょうだい》。
どっちの
立場《たちば》が上《うえ》？
答《こた》えは47ページ！
えへっ！

野生《やせい》パンダに
大接近《だいせっきん》！
ニーハオ！
Q
パンダは
なんのために
木《き》に登《のぼ》るの？
答《こた》えは
61ページ！
ママ、
オッパイ！

石《いし》は宝《たから》！
南極《なんきょく》ペンギン
よいしょ
Q
ペンギンはなぜ石《いし》を集《あつ》めるの？
答《こた》えは、79ページ！
絶壁落下《ぜっぺきらっか》！
ヒナの大冒険《だいぼうけん》
むりだよ～
Q
なぜヒナはガケから落《お》ちるの？
答《こた》えは99ページから！
ひぃ～

知床《しれとこ》ハンターたちの攻防戦《こうぼうせん》

ごちそうだ〜！
おすな
おすな！

Q

知床《しれとこ》いちばんの
魚《さかな》とり名人《めいじん》はだれ？

答《こた》えは、118ページ！

目《もく》次《じ》

保護者の方へ

本書の内容は、ＮＨＫのテレビ番組「ダーウィンが来た！ 生きもの新伝説」において、各タイトルが最初に放送された時点の情報をもとにしています。また、動物の大きさや生息地などは、研究者によってデータや解釈が異なる場合があります。あらかじめご了承ください。

ライオン新王《しんおう》 誕生《たんじょう》！

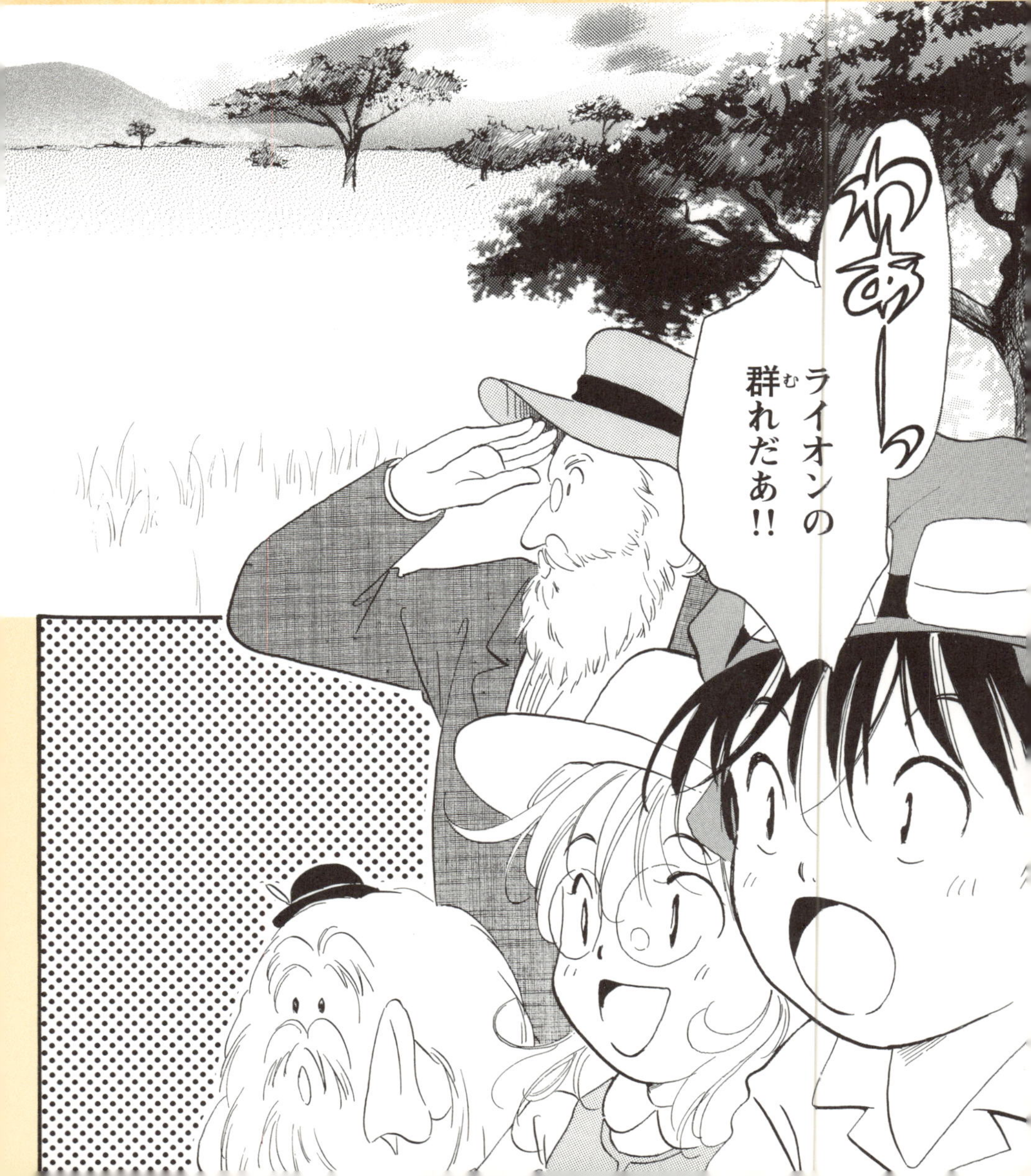
わあーっ
ライオンの群《む》れだあ!!

今日《きょう》やってきたのは
アフリカ東部《とうぶ》に広《ひろ》がる
サバンナ地帯《ちたい》
アフリカ大陸《たいりく》
タンザニアの
セレンゲティ
国立公園《こくりつこうえん》です
セレンゲティ国立公園《こくりつこうえん》

ライオンは群《む》れをつくりくらします
この群《む》れはぜんぶで27頭《とう》
あれ？ この群《む》れオスがいない！
ホントだ たてがみのないメスと子《こ》どもばかりね
じつは3か月前《げつまえ》に群《む》れをひきいていた2頭《とう》の王《おう》が死《し》んだためメスだけの群《む》れになったのです

教《おし》えて！ ダーウィン!!

「群《む》れのおきて」とは？

ライオンの群《む》れにいる大人《おとな》のオスは王《おう》だけです。たとえ、王《おう》の子《こ》どもであっても、2～3歳《さい》になったオスは、群《む》れから追《お》いだされてしまいます。追《お》いだされたオスは、1～2年《ねん》の間《あいだ》、放浪《ほうろう》ライオンとなります。成長《せいちょう》し強《つよ》くなり、どこかの群《む》れのメスに気《き》にいられて、はじめて王《おう》として群《む》れにむかえいれられます。また、王《おう》になれたとしても、強《つよ》いオスがあらわれれば、王《おう》の座《ざ》をめぐってたたかいます。負《ま》ければ王《おう》の座《ざ》をゆずって群《む》れをでていかなければなりません。それが群《む》れのおきてなのです。

強《つよ》い王《おう》でなければ、群《む》れを守《まも》ることができません。ほんとうに強《つよ》い、選《えら》ばれたオスだけが、群《む》れにとどまることができるのです。

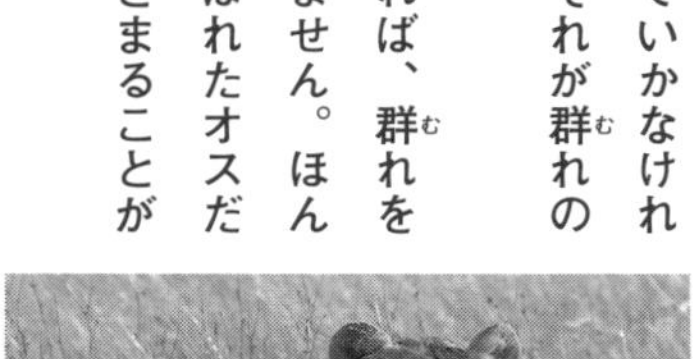

◀若《わか》いオスは、たてがみの生《は》えそろわないうちに、群《む》れから追《お》いだされる。

群《む》れを守《まも》るため
子《こ》どもをつくるために
新《あたら》しい王《おう》が必要《ひつよう》です
新《あたら》しい王《おう》を
探《さが》しています
プシュ
放浪《ほうろう》しているオスに
尿《にょう》のにおいで
メッセージを送《おく》ります
グオー
低《ひく》い声《こえ》!!
これは？
においをかいで
やってきた
オスを
よんでいます
あ！さっそく
オスが来《き》た！
……メスは
見向《みむ》きも
しないわ
ちらちら
うろうろ
ふぁ〜〜
オスの
たてがみはりっぱか
体《からだ》は大《おお》きいか
メスは
見定《みさだ》めています

答《こた》えて！ダーウィン

オスが1つの群《む》れにとどまる期間《きかん》はどれくらい？

ふつうは3年《ねん》くらいで、長《なが》い場合《ばあい》は、10年《ねん》にもなります。この群《む》れの以前《いぜん》の王《おう》は、7年《ねん》にわたり群《む》れをひきいました。

……
トボトボ…
あーあ おめがねにかなわなかったわね
それはショッキング…
また来た《き》！ 今度《こんど》は2頭《とう》だ!!

教《おし》えて！ ダーウィン!!

群《む》れに王《おう》が2頭《とう》？

2頭以上《とういじょう》のライオンが王座《おうざ》につくことは、めずらしいことではありません。王《おう》のいちばんの仕事《しごと》は、群《む》れとなわばりを守《まも》ること。王《おう》が2頭《とう》いれば、より大《おお》きな群《む》れや、広《ひろ》いなわばりを守《まも》ることができるからです。また、オスライオンが群《む》れに複数《ふくすう》いたほうが、メスライオンは子《こ》どもをたくさん産《う》むことができます。

しかし、百獣《ひゃくじゅう》の王《おう》ライオンのオス同士《どうし》、ケンカにはならないのでしょうか？

群《む》れにいるオスの間《あいだ》では、性格《せいかく》や、力《ちから》の差《さ》で、どちらが先《さき》に獲物《えもの》を食《た》べるかなどの順番《じゅんばん》が決《き》まっています。

オス同士《どうし》は、兄弟《きょうだい》やいとこであることが多《おお》く、とても仲《なか》よしです。メスをめぐってケンカすることもありません。また、群《む》れの外《そと》にいるオスとたたかうときは協力《きょうりょく》してたたかいます。

答《こた》えて! ダーウィン

なぜ、王《おう》を選《えら》ぶのに3か月《げつ》もかかるの?

▼▼▼

メスの体《からだ》は、子《こ》どもをつくる準備《じゅんび》ができるまで、3か月《げつ》かかるからです。その間《あいだ》に強《つよ》いオスをじっくり選《えら》ぶのです。

……
ツーン
え~!? 2頭《とう》いるし 悪《わる》くないのに
見《み》てください 2頭《とう》のうち1頭《とう》が ケガをしています
ケガをするのは 弱《よわ》い証拠《しょうこ》と みなされます
女《おんな》って注文《ちゅうもん》多《おお》いなぁ
だって王様《おうさま》よ? しんちょうに選《えら》ばなきゃね!
メスは じっくりと 3か月《げつ》かけて よりよいオスを 選《えら》びます
ガシッ‥

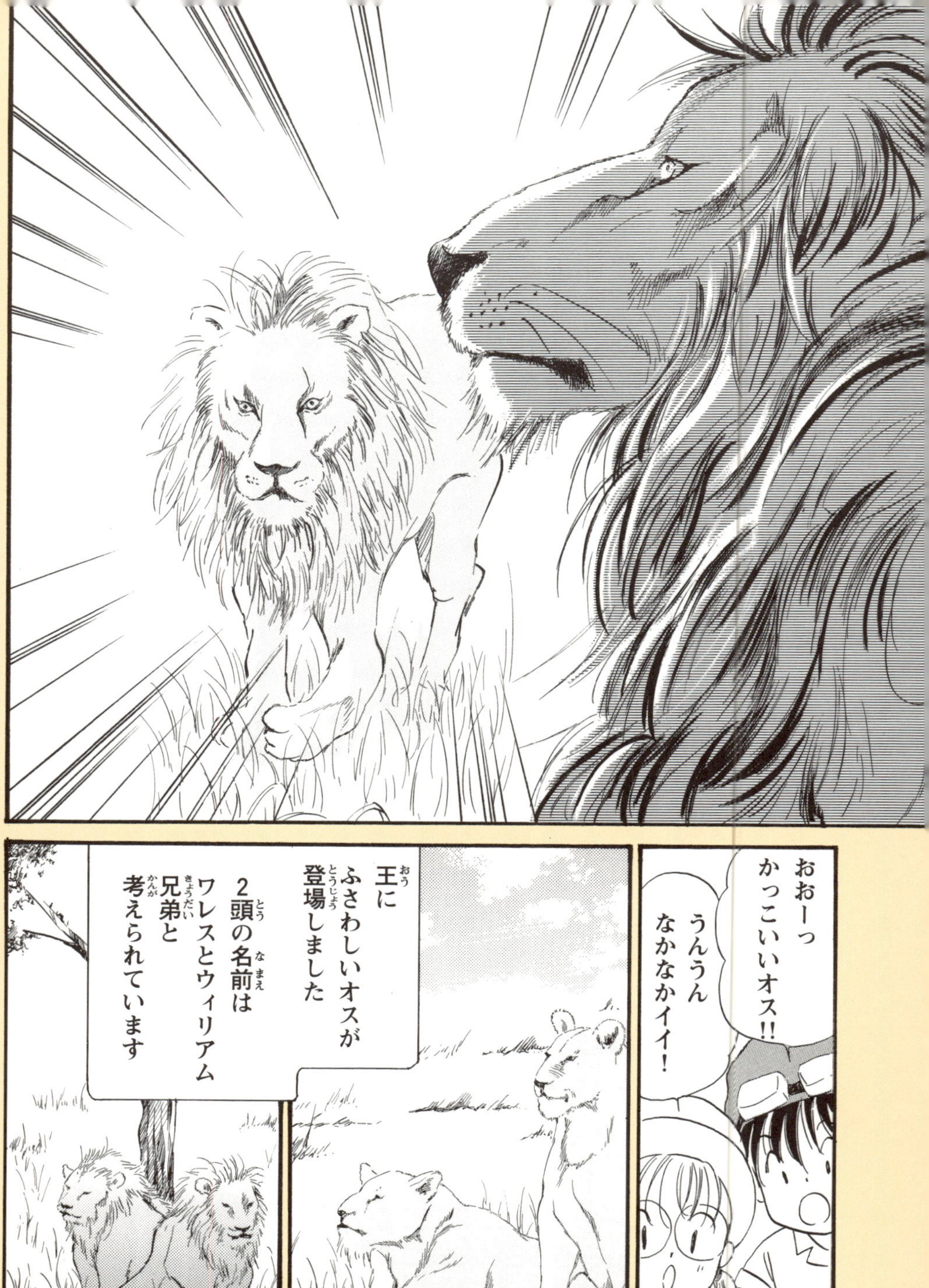

おおーっ かっこいいオス!!
うんうん なかなかイイ!
王《おう》に ふさわしいオスが 登場《とうじょう》しました
2頭《とう》の名前《なまえ》は ワレスとウィリアム 兄弟《きょうだい》と 考《かんが》えられています

答《こた》えて！ダーウィン

ライオンのいちばんのごちそうは？

250kgをこえるヌーやシマウマなどの大《おお》きな動物《どうぶつ》が大好《だいす》きです。毎日《まいにち》、獲物《えもの》にありつけるわけではないので、一度《いちど》にたくさんの肉《にく》を食《た》べます。

もう5日《か》もあのままだなー
みんなワレスとウィリアムに興味《きょうみ》はありそうなんだけどね
シマウマの群《む》れです
狩《か》りがはじまりました
ジリ…ッ

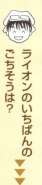

ライオンの狩《か》りは
群《む》れでおこないます
まずは えものを
とりかこんで……
シャク
シャク
ダッ
おみごと!!

答《こた》えて! ダーウィン

ライオンは、狩《か》りが上手《じょうず》なの?

1頭《とう》での狩《か》りは、あまり上手《じょうず》ではありません。しかし、群《む》れでの狩《か》りはとてもとくい。だから、群《む》れで生活《せいかつ》するのです。

あれから
2週間《しゅうかん》……
ワレスとウィリアムはメスたちに獲物《えもの》を分《わ》けてもらえるようになったけど
まだ王様《おうさま》になれないの？
ぴょこ
見《み》て見《み》て ちっちゃいのがいるよ！
子《こ》ライオンね かわいいいっ!!
ウィリアムが近《ちか》づいていきますぞ

答《こた》えて！ダーウィン

放浪《ほうろう》ライオンは狩《か》りをしないの？

放浪《ほうろう》ライオンは、狩《か》りをしなければ生《い》きていけません。狩《か》りがうまく、生《い》き残《のこ》った放浪《ほうろう》ライオンだけが王《おう》になれるのです。

グルルル…
あ

答《こた》えて！ダーウィン

子殺《こごろ》しでは、子《こ》どもは全員殺《ぜんいんごろ》されちゃうの？

メスが岩穴《いわあな》などにかくし、たすかる場合《ばあい》もあります。また、生《う》まれて半年以上《はんとしいじょう》をすぎた子《こ》どもは、自分《じぶん》で群《む》れからにげだします。

……
これは子殺《こごろ》しという行為《こうい》です
王《おう》がいなくなった群《む》れに新《あたら》しいオスが入《はい》ってくるとそのオスは前《まえ》の王《おう》の子《こ》を殺《ころ》してしまうんです
でも……
もしこの場《ば》をなんとかしのぐことができても子《こ》どもがウィリアムに見《み》つかれば殺《ころ》されてしまいます
自分《じぶん》の子《こ》どもを少《すこ》しでも早《はや》く産《う》ませるために必要《ひつよう》なのです
こうして自分《じぶん》が王《おう》になるための準備《じゅんび》をしていくんですな

ワレスとウィリアムがやってきて1か月《げつ》がたちました
ムワンザとウィリアムがいっしょにいる!
ウィリアムはムワンザが好《す》きみたい
ムワンザもその気《き》のようですな
ヴォ
ヴ☆
あれ?あの声《こえ》ってオスをよぶときの声《こえ》じゃなかった?
ザザザ

答《こた》えて!ダーウィン

ライオンのカップルはどうやって決《き》まるの?

メスが王《おう》のオスのなかから好《この》みのオスを選《えら》びます。選《えら》ばれなかったオスがメスに近《ちか》づいても、メスはにげてしまいます。

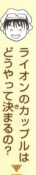

ウィリアムより
大《おお》きい！
強《つよ》そうだ!!
これは……
ムワンザの
ワナですね
え——?!
ウィリアムが
ほんとうに強《つよ》いのか
ほかのオスと
たたかわせて
ためそうとしています

うわぁっ
これは……
ウィリアムと
いい勝負《しょうぶ》だね
なかなか決着《けっちゃく》
つかないね
ウィリアムが
走《はし》りだした!!

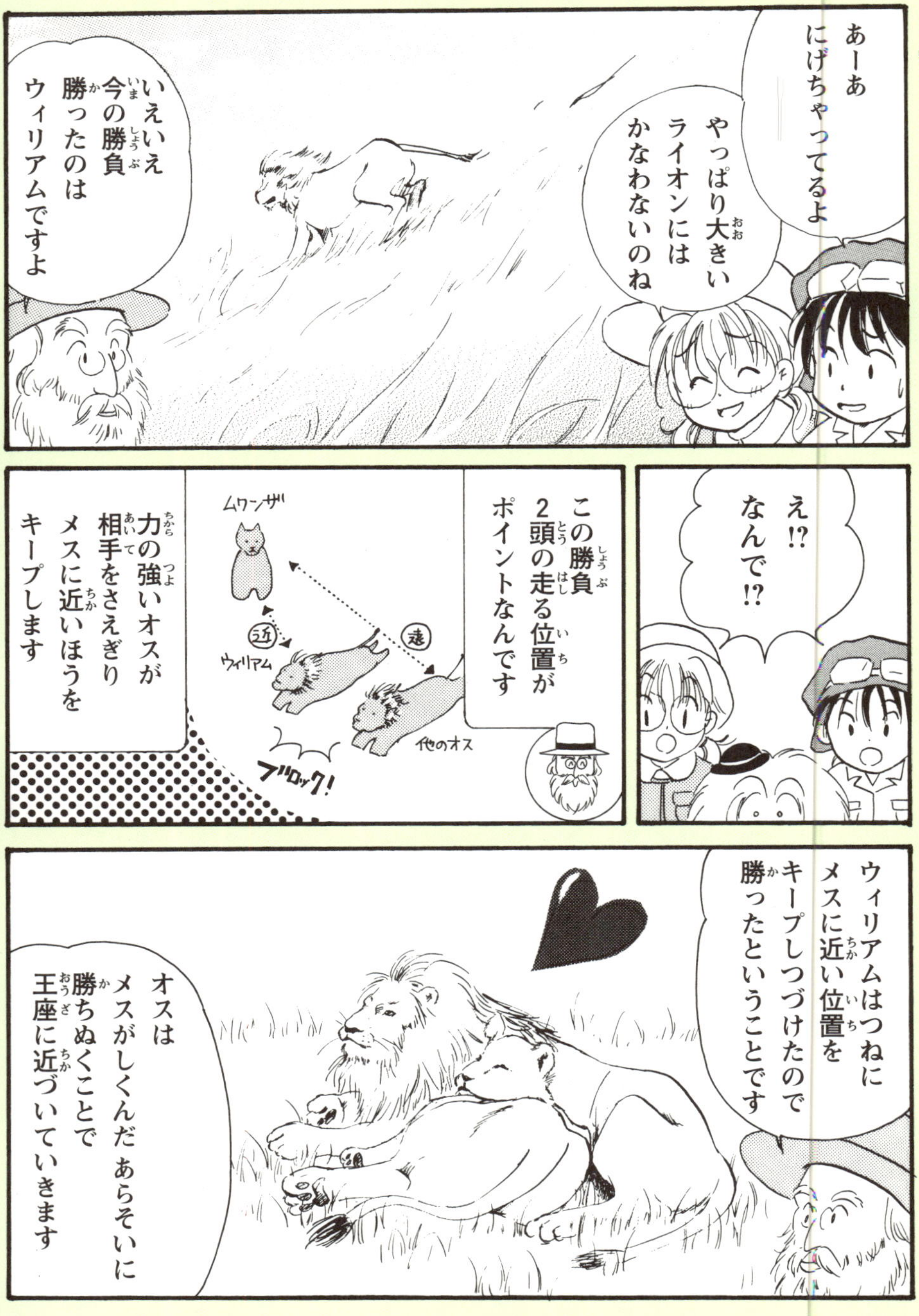
あーあ にげちゃってるよ
やっぱり大《おお》きい ライオンには かなわないのね
いえいえ 今《いま》の勝負《しょうぶ》 勝《か》ったのは ウィリアムですよ
え!? なんで!?
この勝負《しょうぶ》 2頭《とう》の走《はし》る位置《いち》が ポイントなんです
ムワンザ
近
遠
ウィリアム
他のオス
ブロック!
力《ちから》の強《つよ》いオスが 相手《あいて》をさえぎり メスに近《ちか》いほうを キープします
ウィリアムはつねに メスに近《ちか》い位置《いち》を キープしつづけたので 勝《か》ったということです
オスは メスがしくんだ あらそいに 勝《か》ちぬくことで 王座《おうざ》に近《ちか》づいていきます

答《こた》えて！ダーウィン

オス同士《どうし》がケンカをすると殺《ころ》しあうこともあるの？

▼▼▼

めったに殺《ころ》しあいません。オスの数《かず》がへると、ライオン全体《ぜんたい》の数《かず》がへってしまうことを、本能《ほんのう》でわかっているからです。

教《おし》えて！ ダーウィン!!

なぜ王《おう》は子《こ》どもを殺《ころ》すのか？

少《すこ》しずつ王座《おうざ》に近《ちか》づいていくオスたち。王《おう》になり、いち早《はや》く自分《じぶん》の血《ち》を受《う》けついだ強《つよ》い子《こ》どもを残《のこ》そうとします。しかし、メスは、子育《こそだ》てをしている2年間《ねんかん》は、新《あたら》しい子《こ》どもが産《う》めない体《からだ》のしくみになっています。そこで、王《おう》になろうとしているオスは、前《まえ》の王《おう》の子《こ》どもたちを殺《ころ》すのです。

メスは、命《いのち》をかけて子《こ》どもを守《まも》ろうとしますが、生《う》まれて半年《はんとし》くらいまでの子《こ》は殺《ころ》されてしまいます。子《こ》どもがいなくなると、メスの体《からだ》は変化《へんか》して、すぐに新《あら》たな子《こ》どもが産《う》めるようになるのです。こうして、はじめて新《あたら》しい王《おう》をむかえる準備《じゅんび》がととのいます。

「子殺《こごろ》し」とは、より強《つよ》い子孫《しそん》を確実《かくじつ》に残《のこ》すための行動《こうどう》です。強《つよ》くなければ生《い》きていけないライオンのかなしい本能《ほんのう》なのです。

答《こた》えて！ダーウィン

ライオンには決《き》まった子《こ》づくりの時期《じき》ってあるの？

決《き》まった時期《じき》はありません。子《こ》どもがいなければ、王《おう》と群《む》れのメスたちは一年中《いちねんじゅう》、子《こ》づくりをします。

2頭《とう》が木《き》に尿《にょう》をかけています
これは なわばりの主張《しゅちょう》です
ワレスとメスがいっしょにいます
メスに受《う》けいれられたようですね
子《こ》づくりをするということは王《おう》になった証《あかし》です
2頭《とう》はついに王《おう》としての第一歩《だいいっぽ》をふみだしたのです

メスがとらえた獲物《えもの》を
ひとりじめしています
これこそが王《おう》だけに
ゆるされた
ふるまいなのです
新《あら》たな王《おう》を
むかえいれたメスたち
群《む》れの未来《みらい》を2頭《とう》のオスに
たくすことになりました
4か月後《げつご》 かつての群《む》れのように
たくさんの子《こ》どもが生《う》まれます
そのときから王《おう》としての仕事《しごと》が
はじまるのです
ほんとうに王《おう》として ふさわしいか
ワレスとウィリアムは
これから証明《しょうめい》していくのです

もっと知《し》りたい！

ライオンのひみつ

みんなには
ひみつだよ！　ししー！

百獣《ひゃくじゅう》の王《おう》ライオン。ライオンたちは、群《む》れのなかで、オス・メスそれぞれの役割《やくわり》を分担《ぶんたん》して生活《せいかつ》しています。どんな生活《せいかつ》をしているのでしょうか？　くわしく見《み》てみましょう。

ライオンの体《からだ》

尾《お》　子《こ》ライオンは、メスライオンの尾《お》とじゃれあいながら、狩《か》りの練習《れんしゅう》をするといわれている。

目《め》　とても視力《しりょく》がよい。はるか遠《とお》く2km先《さき》のシマウマのすがたをとらえることができる。

鼻《はな》　若《わか》いときにはピンク色《いろ》をしているが、年《とし》をとっていくと黒《くろ》くなり、6歳《さい》をすぎると真《ま》っ黒《くろ》になる。

メス

メスの狩《か》りはチームプレー

群《む》れのなかで狩《か》りをするのは、メスです。ヌーやシマウマなどの草食動物《そうしょくどうぶつ》を数頭《すうとう》でかこみ、ジリジリとにじりより、獲物《えもの》をとらえます。集団《しゅうだん》で狩《か》りをすると、成功率《せいこうりつ》はぐっと上《あ》がるのです。

ライオンの群《む》れでは、王《おう》であるオスは入《い》れかわっていきますが、メスは同《おな》じ群《む》れで、一生《いっしょう》をともにすごします。

そのため、メス同士《どうし》は、同《おな》じ群《む》れの子《こ》どもであれば自分《じぶん》の子《こ》どもでなくても、お乳《ちち》をあげるほど、仲間意識《なかまいしき》が強《つよ》いのです。

▲仲《なか》のよい群《む》れのメスたち。

子《こ》ども

3か月《げつ》で肉《にく》を食《た》べはじめるが、6か月《げつ》まではお乳《ちち》を飲《の》む。2歳《さい》になると大人《おとな》のライオン。約《やく》80％は、2歳《さい》になる前《まえ》に死《し》んでしまう。

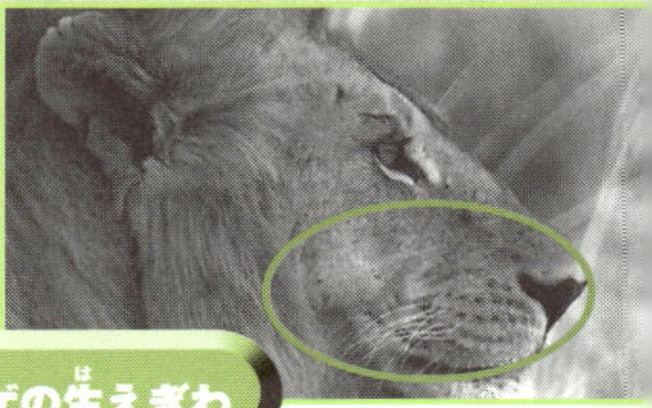

ヒゲの生《は》えぎわ

ヒゲの生《は》えぎわの黒《くろ》い点《てん》は、数《かず》や位《い》置《ち》が一生《いっしょう》かわらない。この点《てん》で、ラ
イオンを見分《みわ》けることができる。

舌《した》

舌《した》は、おろし金《がね》のようにかたくザラザラしていて、骨《ほね》から肉《にく》をひきはがすことができる。

たてがみ

多《おお》くのたたかいを経験《けいけん》すると、黒《くろ》くフサフサになっていく。オス同士《どうし》のあらそいは、たてがみがりっぱなほうが、たたかわずに勝《か》つことがある。

オス

ライオン

体重《たいじゅう》：約《やく》200kg
体長《たいちょう》：約《やく》2.1m
寿命《じゅみょう》：約《やく》15年《ねん》
活動時間《かつどうじかん》：昼夜《ちゅうや》
食《た》べもの：ヌー、シマウマなど
天敵《てんてき》：いない
ライバル：ハイエナ
走《はし》る速《はや》さ：速《はや》いもので時速約《じそくやく》60km
生息《せいそく》マップ
アフリカ大陸《たいりく》とインドの一部《いちぶ》

ライオンは夜行性《やこうせい》？

昼間《ひるま》は、木《き》のかげで、ゴロゴロと寝《ね》そべっているライオンたち。夕方《ゆうがた》になるとメスライオンたちは、狩《か》りにでかけていきます。一見《いっけん》すると、夜行性《やこうせい》のようですが、そういうわけではありません。赤道直下《せきどうちょっか》の強《つよ》い太陽《たいよう》の光《ひかり》をさけて、行動《こうどう》しているだけなのです。

ダーウィンってだれ?

チャールズ・ダーウィンは、1809年《ねん》にイギリスの裕福《ゆうふく》な家庭《かてい》に生《う》まれた学者《がくしゃ》です。ダーウィンは、22歳《さい》のときにビーグル号《ごう》という名前《なまえ》の船《ふね》に乗《の》り、5年間《ねんかん》にわたって世界中《せかいじゅう》を探険《たんけん》する旅《たび》にでました。アメリカ大陸《たいりく》やガラパゴス諸島《しょとう》などをめぐり、のちに世界《せかい》をおどろかせる大発見《だいはっけん》のヒントをえました。

みなさんは、ペンギンが飛《と》べない理由《りゆう》を知《し》っていますか? ペンギンは、海《うみ》で生活《せいかつ》しやすいように、翼《つばさ》が小《ちい》さくなりました。やがて飛《と》べなくなってしまいましたが、海《うみ》のなかを上手《じょうず》に泳《およ》げる体《からだ》にかわったのです。

このように生《い》きものが、生《い》きていきやすいように、まわりの環境《かんきょう》にあわせて体《からだ》をかえていくという考《かんが》え方《かた》を「進化論《しんかろん》」といいます。この「進化論《しんかろん》」をもとにして、生《い》きものがどのようにして「進化《しんか》」していったのかを考《かんが》えた人《ひと》こそ、チャールズ・ダーウィンです。

ダーウィンの考《かんが》えは、1859年《ねん》に『種《しゅ》の起原《きげん》』という本《ほん》で発表《はっぴょう》され、当時《とうじ》の人々《ひとびと》をおどろかせました。その考《かんが》え方《かた》は今《いま》でも「ダーウィン進化論《しんかろん》」とよばれ、世界中《せかいじゅう》の人《ひと》たちに知《し》られています。

神様《かみさま》をバカにする?

18世紀《せいき》のヨーロッパでは、キリスト教《きょう》の聖書《せいしょ》をもとに「すべての生《い》きものは神様《かみさま》がつくった」と考《かんが》えられていました。「神様《かみさま》のつくったものは、かんぺきなので進化《しんか》の必要《ひつよう》がない」と思《おも》われていたのです。ダーウィンをはじめ進化論《しんかろん》をとなえた人《ひと》たちは、神様《かみさま》をバカにしているとして非難《ひなん》を受《う》けてしまいました。

しかし、のちにダーウィン進化論《しんかろん》は、世界中《せかいじゅう》の人《ひと》たちに大《おお》きな影響《えいきょう》をあたえました。

▲進化論《しんかろん》をとなえたダーウィンをからかった絵《え》。

オオカミのおきて

ウオオオ〜オオオオ
こちら わたしの友人《ゆうじん》
ダグ・ウェーバーさん
オオカミの
遠《とお》ぼえのマネを
してますが……
こんなんで
ほんとうに
オオカミが
来《く》るのかよ?

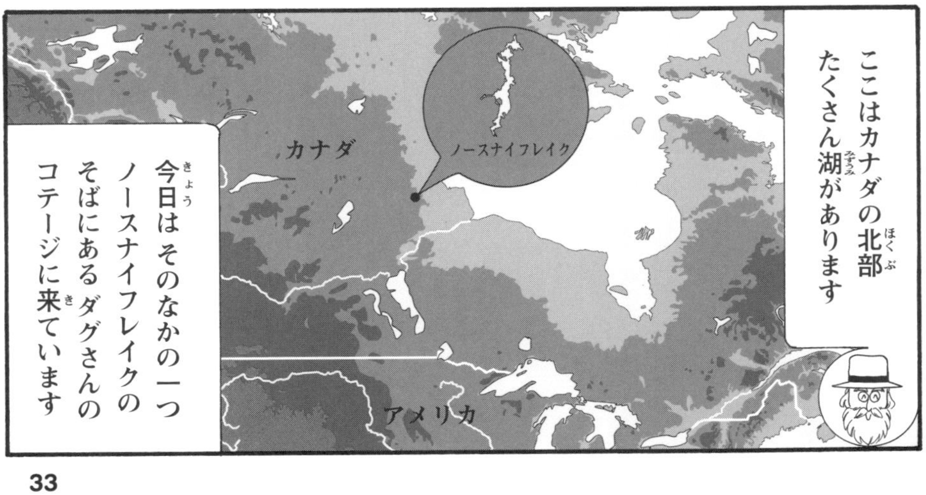
ここはカナダの北部《ほくぶ》
たくさん湖《みずうみ》があります
カナダ
ノースナイフレイク
アメリカ
今日《きょう》はそのなかの一つ
ノースナイフレイクの
そばにあるダグさんの
コテージに来《き》ています

あっ!!
さすがダグさん さっそく シンリンオオカミの群《む》れがやってきました 数《かず》が少《すく》ないので なかなか会《あ》えないんですよ
HAHAHA
オオカミ強《つよ》そう……

答《こた》えて！ダーウィン

オオカミって、何《なに》オオカミのこと？

ふつうオオカミといえば、タイリクオオカミのことです。ハイイロオオカミともよばれています。シンリンオオカミは、タイリクオオカミの仲間《なかま》です。

あのオオカミたちは家族《かぞく》？
オオカミは多《おお》くの場合《ばあい》7頭以上《とういじょう》の家族《かぞく》で群《む》れをつくります
どうやら親《おや》が子《こ》どもたちにエサを分《わ》けあたえているようですね
さっきから左《ひだり》の2頭《とう》は ぜんぜん食《た》べてないみたいなんだけど
それはですね……
そこにオオカミのきびしい おきてがあるからです
おきて!?

答《こた》えて！ダーウィン

オオカミはどうして遠《とお》ぼえをするのですか？

オオカミは、なわばりにほかの群《む》れのオオカミが入《はい》ってくるのをふせぐためや、群《む》れの仲間《なかま》をよぶためなどに、大《おお》きな声《こえ》で遠《とお》ぼえします。

答《こた》えて！ダーウィン

オオカミは、どんなところに生息《せいそく》してるの？

オオカミは、北半球《きたはんきゅう》の砂漠《さばく》や草原《そうげん》、森林《しんりん》などに生息《せいそく》しています。しかし環境《かんきょう》が破壊《はかい》され、オオカミの数《かず》は少《すく》なくなっています。

では 群《む》れのできるまでをダーウィンビジョンで時間《じかん》をさかのぼって見《み》てみましょう
まず最初《さいしょ》に2頭《とう》のオスとメスが出会《であ》ってカップルをつくります
群《む》れのはじまりは力《ちから》のあるオスとメスですこの2頭《とう》は のちに群《む》れのリーダーとなります
カップルの間《あいだ》に4頭《とう》の子《こ》どもが生《う》まれました
かわいい〜
小《ちい》さいとイヌとかわらないね
1か月《げつ》——
子《こ》どもたちは巣《す》から でられるようになりました

答《こた》えて! ダーウィン

赤《あか》ちゃんオオカミにエサをやる方法《ほうほう》は?

生《う》まれて1か月《げつ》ほどは、お乳《ちち》を飲《の》みます。そのあとしばらくは、群《む》れの仲間《なかま》たちが、食《た》べてきた獲物《えもの》をはきもどして、赤《あか》ちゃんにあたえます。

4頭《とう》も子《こ》どもがいると兄妹《きょうだい》ゲンカがたえないのでは?
はい 兄妹《きょうだい》ゲンカもオオカミには必要《ひつよう》なんです
あれ? 親《おや》たちが巣穴《すあな》にはいっていっちゃうよ!
子《こ》どもたちだけで遊《あそ》んでいますよ 兄妹《きょうだい》たちのようすを見《み》てみましょう
ギャンギャン
ガウ
ガウガウ
キャン
兄妹《きょうだい》ゲンカがはじまったわ
どうだまいったか?
同《おな》じ年《とし》なのに負《ま》けちゃったよ
まだまだだな……
なんだとぉ?
オレに勝《か》てると思《おも》うか!? どっちが強《つよ》いか勝負《しょうぶ》だっ!!
ガウガウ…
ガウ…

答《こた》えて！ダーウィン

オオカミのお父《とう》さんとお母《かあ》さんは、仲《なか》よしなの？

▼▼▼

ほとんどの場合《ばあい》、一生《いっしょう》いっしょにすごします。子育《こそだ》ても夫婦《ふうふ》でいっしょにします。とても仲《なか》よしだといえるでしょう。

まいりました
黒《くろ》くんにはかなわないや
黒《くろ》くんは力《ちから》が強《つよ》いからなぁ
やっぱり黒《くろ》くんがいちばん強《つよ》いね
みんなごはんだよ！
ママパパおなかすいた～
今《いま》だすからねほら……さぁごはんよ！
次《つぎ》だ……次《つぎ》はオレだ……
2
4
3
1
ぱく
ぱく
ケンカや遊《あそ》びのなかで気力《きりょく》と体力《たいりょく》のある黒《くろ》い子《こ》がいちばん高《たか》い順位《じゅんい》についたようです
オオカミの巣《す》ではこんな会話《かいわ》がされているのかもね

ちょっと待《ま》った!!
なんですヒゲじい?
みんな平等《びょうどう》でいいじゃないですか……順位《じゅんい》によって役割《やくわり》がちがうんですか?
それはですね……

教《おし》えて!　ダーウィン!!

群《む》れのしくみは、どうなってるの?

オオカミの群《む》れは、リーダーである夫婦《ふうふ》と、その子《こ》どもたちで構成《こうせい》されます。子《こ》どもをつくることができるのは、リーダーの夫婦《ふうふ》だけです。その年《とし》に生《う》まれたばかりの赤《あか》ちゃんオオカミから、最高《さいこう》で4歳《さい》までの子《こ》どもが、群《む》れのメンバーとなります。また、ほかの群《む》れで生《う》まれた1~3歳《さい》までのオスのオオカミが、群《む》れのメンバーになることもあります。

群《む》れでは、親《おや》のいうことが絶対《ぜったい》です。兄妹《きょうだい》の間《あいだ》でもしっかりと順位《じゅんい》が決《き》まっていますが、この順位《じゅんい》は、入《い》れかわることもあります。順位《じゅんい》を決《き》めるのは、そのオオカミの実力《じつりょく》と気力《きりょく》です。

◀若《わか》くて弱《よわ》いオオカミには、ほとんど骨《ほね》しか残《のこ》されていない。

トナカイの群《む》れです!!
めったに見《み》られないオオカミの狩《か》りがはじまりますよ！
行《い》きましょう!!
オオカミはふつう家族《かぞく》で獲物《えもの》をおそいます
そのとき一頭一頭《いっとういっとう》の歳《とし》と力《ちから》によって役割《やくわり》がちがいます

ダッ
リーダーがあの1頭《とう》にねらいを定《さだ》めたようです
体力《たいりょく》のある順位《じゅんい》の高《たか》い子《こ》がまず獲物《えもの》に追《お》いつきます

答《こた》えて! ダーウィン

オオカミは、どんなものを食《た》べるの?

トナカイのほかには、シカやヤギ、魚《さかな》、鳥《とり》や木《き》の実《み》なども食《た》べます。場《ば》所《しょ》によっては、人間《にんげん》のゴミをあさって食《た》べることもあります。

獲物《えもの》も
にげようと
必死《ひっし》です
グルッ
順位《じゅんい》の低《ひく》い
子《こ》どもたちが
とりかこみます
グルル…
獲物《えもの》はにげ道《みち》を
ふさがれて
しまいました

教《おし》えて！ ダーウィン!!

狩《か》りの作戦《さくせん》が、くわしく見《み》たい！

オオカミは、群《む》れの仲間《なかま》たちと協力《きょうりょく》しあうことにより、自分《じぶん》たちよりも体《からだ》の大《おお》きな獲物《えもの》もしとめます。そこには群《む》れの順位《じゅんい》をもとに役割《やくわり》を分担《ぶんたん》して、獲物《えもの》をとらえる作《さく》戦《せん》がありました。では、そのようすをくわしく見《み》てみましょう！

順位《じゅんい》の高《たか》い
オオカミ

▲群《む》れのなかでも、狩《か》りの経験《けいけん》が多《おお》い勇気《ゆうき》のあるオオカミが、獲物《えもの》に追《お》いついて、おそいかかる。

さらに力《ちから》のある
リーダーが
とどめをさします
獲物《えもの》が動《うご》けなくなると
ほかのオオカミたちが
いっせいに
とびかかります

▲たいていの場合《ばあい》、親《おや》であるリーダーがとどめをさす。ケガをした獲物《えもの》は、にげることができなくなる。

リーダー

▲獲物《えもの》が、おどろいている間《あいだ》に、あとから追《お》いついた群《む》れのメンバーで獲物《えもの》をかこむ。

すごい……
連携《れんけい》プレーだ！
子《こ》どもたちはこうして狩《か》りのしかたを学《まな》びます
何度《なんど》も狩《か》りの経験《けいけん》をつみ自分《じぶん》の順位《じゅんい》にあった役割《やくわり》をはたせるように成長《せいちょう》していきます
ウオオオー……
ザザザザッ
行《い》っちゃった
どこに向《む》かっているんだろう？
トナカイの群《む》れを追《お》っていったのでしょう
オオカミのなわばりはとても広《ひろ》いのでなわばりのなかを100㎞も移動《いどう》することもあるんです

答《こた》えて！ダーウィン

オオカミは、いつから狩《か》りができるようになりますか？

生《う》まれてから10か月《げつ》ほどで群《む》れの仲間《なかま》と狩《か》りができるようになります。3～4年《ねん》たつと上手《じょうず》に狩《か》りができるようになります。

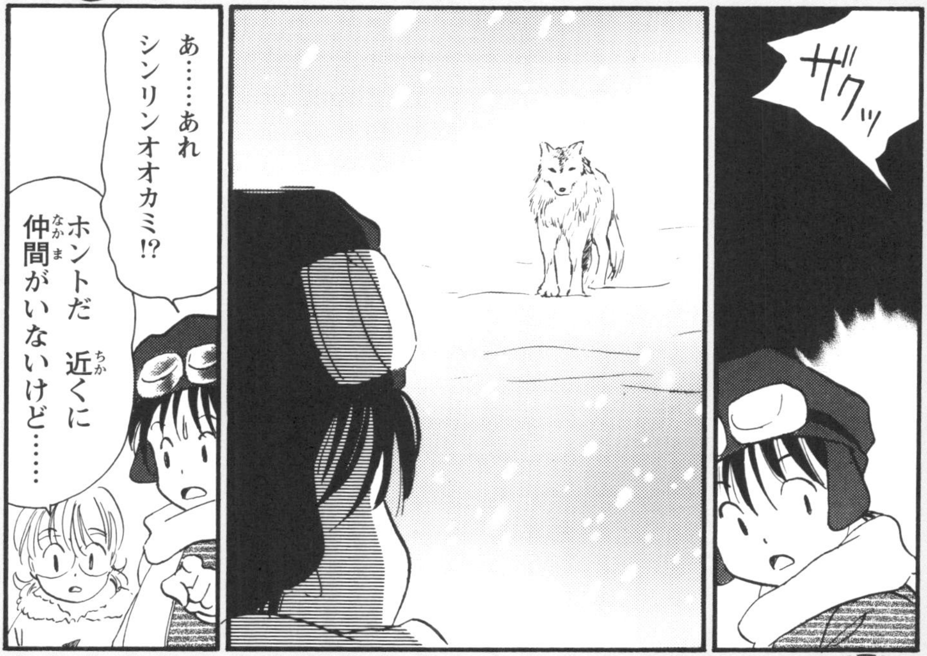

教《おし》えて！ ダーウィン!!

なわばりってどんなもの？

群《む》れの仲間《なかま》たちは、協力《きょうりょく》してなわばりを守《まも》っています。尿《にょう》のにおいでしるしをつけて、自分《じぶん》たちのなわばりの場所《ばしょ》をほかの群《む》れのオオカミたちに伝《つた》えます。またオオカミたちは「ここはわたしたちのなわばりですよ」と知《し》らせるために遠《とお》ぼえをします。

もし、なわばりのなかにほかの群《む》れのオオカミが入《はい》ってきた場合《ばあい》、そのオオカミは、追《お》いはらわれることもありますが、仲間《なかま》に入《い》れてもらえることもあります。

オオカミのなわばりの大《おお》きさは、大《おお》きいもので300km^2もあります。これは東京《とうきょう》ディズニーランドと東京《とうきょう》ディズニーシーをあわせた広《ひろ》さの300倍《ばい》です。

◀遠《とお》ぼえするオオカミ。

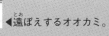

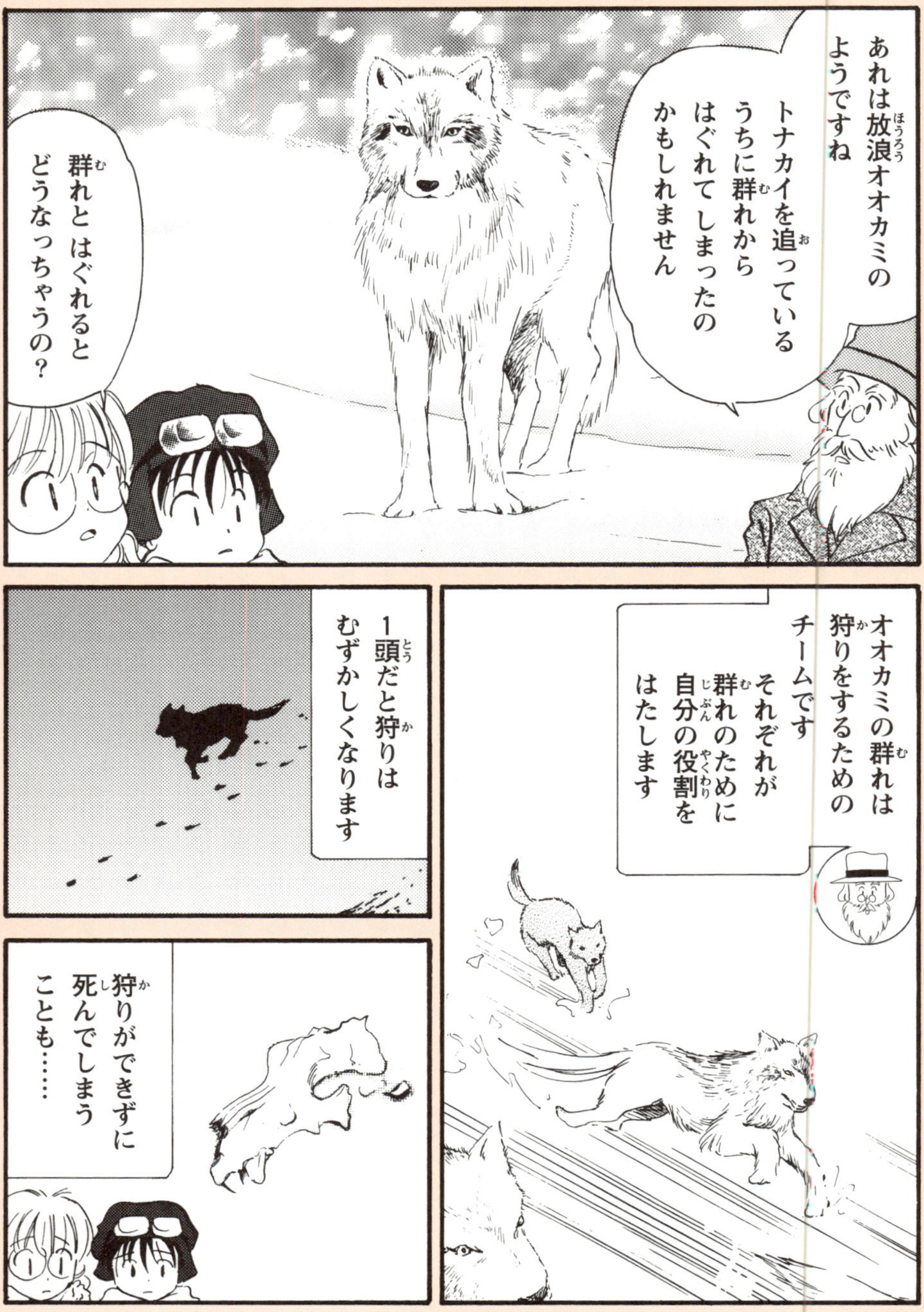
あれは放浪《ほうろう》オオカミのようですね
トナカイを追《お》っているうちに群《む》れからはぐれてしまったのかもしれません
群《む》れとはぐれるとどうなっちゃうの?
オオカミの群《む》れは狩《か》りをするためのチームです
それぞれが群《む》れのために自分《じぶん》の役割《やくわり》をはたします
1頭《とう》だと狩《か》りはむずかしくなります
狩《か》りができずに死《し》んでしまうことも……

答《こた》えて!ダーウィン

オオカミの狩《か》りの成功率《せいこうりつ》は?

▼▼▼

アメリカの国立公園《こくりつこうえん》では、オオカミがヘラジカをとらえた確率《かくりつ》は5%だったといいます。大《おお》きな動物《どうぶつ》をねらう狩《か》りは、むずかしいんです。

なかには自分《じぶん》がペアをつくって新《あら》たな群《む》れをつくる場合《ばあい》もあります

教《おし》えて！ ダーウィン!!

群《む》れで仲《なか》よくくらすひけつは？

オオカミたちは、群《む》れのなかで、ケンカをせずに仲《なか》よくくらしていくために、しぐさで相手《あいて》に気持《きも》ちを伝《つた》えます。

2頭《とう》のオオカミがいた場合《ばあい》、片《かた》方《ほう》のオオカミが耳《みみ》を下《さ》げ、舌《した》をだしたときは「あなたにしたがいます」という気《き》持《も》ちをあらわしています。またケンカをしたときに、片《かた》方《ほう》のオオカミがあおむけになって、おなかを見《み》せることがあります。これは「こうさんして、あなたにしたがいます」という気《き》持《も》ちをあらわしているのです。おなかを見《み》せられたオオカミは、それ以上《いじょう》こうげきしません。

このようにオオカミたちは、気持《きも》ちを伝《つた》えあうことで、仲間同士《なかまどうし》で傷《きず》つけあうようなあらそいごとを、さけているのです。

◀耳《みみ》を下《さ》げ、舌《した》をだすオオカミ。

答《こた》えて！ダーウィン

日本《にっぽん》にもオオカミがいたってほんとうですか？

北海道《ほっかいどう》にはエゾオオカミ、本州《ほんしゅう》、四国《しこく》、九州《きゅうしゅう》にはニホンオオカミがいましたが、絶滅《ぜつめつ》したと考《かんが》えられています。

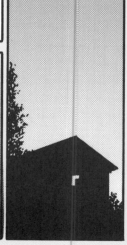

聞《き》こえるだろう オオカミは オーロラが 大好《だいす》きなんだ
長《なが》い冬《ふゆ》を生《い》きぬくため オオカミにとって家族《かぞく》は なくてはならない 大切《たいせつ》なチームでした
はぐれてしまったオオカミは 新《あたら》しい家族《かぞく》を つくれるのでしょうか…？
春《はる》 新《あたら》しい家族《かぞく》に 出会《であ》えることを ダグさんは心待《こころま》ちに しています

もっと知《し》りたい！ シンリンオオカミのひみつ

オオカミには、大《おお》きく分《わ》けてアメリカアカオオカミとタイリクオオカミの2種類《しゅるい》がいます。シンリンオオカミは、タイリクオオカミの仲間《なかま》。ほかのオオカミよりも体《からだ》が大《おお》きくてがんじょうです。

シンリンオオカミだけに、興味《きょうみ》シンリン！

シンリンオオカミの体《からだ》

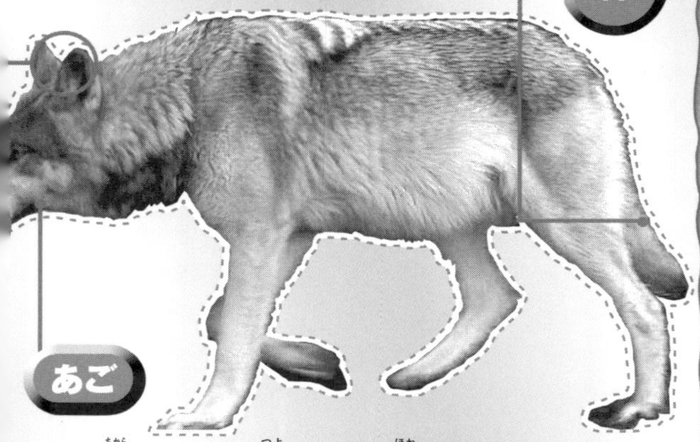

毛《け》

ほとんどが、はい色《いろ》。数年《すうねん》に一《いち》度《ど》、黒《くろ》い色《いろ》の子《こ》が生《う》まれることがある。生《う》まれたては黒《くろ》いが、歳《とし》をとると白《しろ》っぽくなる。

尾《お》

ふだんは、下《した》にたれている。おこったときは、ピンと上《うえ》に立《た》て、おびえているときは、後《うし》ろあしの間《あいだ》にはさむ。

あご

かむ力《ちから》がひじょうに強《つよ》く、かたい骨《ほね》でもバリバリとかみくだくことができる。

オオカミとイヌのちがい

現在《げんざい》、たくさんのイヌがペットとして飼《か》われています。そのイヌたちの祖《そ》先《せん》は、オオカミの祖先《そせん》と同《おな》じです。ですから、イヌとオオカミは、鼻《はな》と耳《みみ》がとてもよく、するどい歯《は》をもっているところが、そっくりです。

しかしイヌとオオカミでは同《おな》じ体《からだ》の大《おお》きさでも、頭《あたま》の大《おお》きさが、だいぶちがいます。頭《あたま》の骨《ほね》や歯《は》は、イヌよりもオオカミのほうがずっと大《おお》きいのです。脳《のう》の量《りょう》が多《おお》いのもオオカミです。

人《ひと》とくらすイヌとはちがい、野生《やせい》のオオカミたちは狩《か》りをして、獲物《えもの》をとらえなくてはいけません。そのため、イヌよりもずっと小《ちい》さいときから狩《か》りの方法《ほうほう》を覚《おぼ》えます。オオカミは、イヌよりも狩《か》りに向《む》いた体《からだ》をしているのです。

シンリンオオカミ

体重《たいじゅう》：約《やく》40kg
体長《たいちょう》：約《やく》1.3m
寿命《じゅみょう》：飼育《しいくか》下では長《なが》いもので20年《ねん》
活動時間《かつどうじかん》：昼夜《ちゅうや》
食《た》べもの：シカ、トナカイ、ヤギなど
天敵《てんてき》：クロクマ、ヒグマ、ハイイログマ、ピューマなど
すみか：冬《ふゆ》は、トナカイを追《お》って移動《いどう》するが、夏《なつ》になると巣穴《すあな》にもどる。
生息《せいそく》マップ
カナダ、アラスカなどの森林地《しんりんち》帯《たい》。人口《じんこう》の少《すく》ない地域《ちいき》

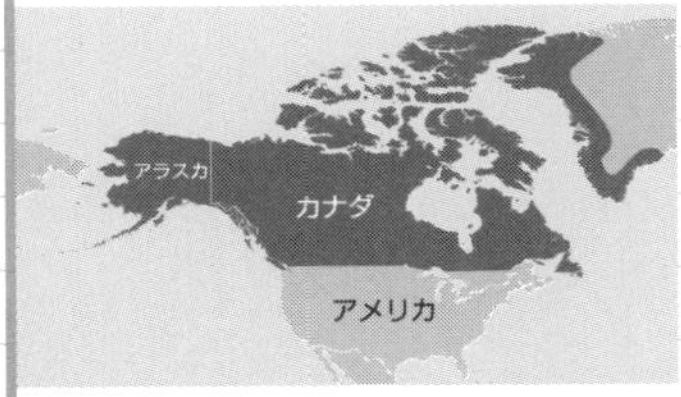

耳《みみ》

10km先《さき》の遠《とお》ぼえを聞《き》くことができるほど耳《みみ》がよい。

▼左《ひだり》が大人《おとな》、右《みぎ》が子《こ》ども。

鼻《はな》

子《こ》どものときは丸《まる》いが、大人《おとな》になると、先《さき》が細《ほそ》くなる。

子《こ》ども

1つの巣穴《すあな》で4～7頭《とう》の子《こ》どもが生《う》まれる。生《う》まれて1か月《げつ》は、お乳《ちち》を飲《の》んで育《そだ》つ。そのあとは群《む》れの仲間《なかま》にエサを分《わ》けてもらいながら成長《せいちょう》する。3～5か月《げつ》くらいたつと巣穴《すあな》からでて、群《む》れの仲間《なかま》と行動《こうどう》できるようになる。

オオカミは悪魔《あくま》？ 神《かみ》？

世界中《せかいじゅう》の広《ひろ》い地域《ちいき》で生息《せいそく》していたオオカミは、ヨーロッパでは「人《ひと》や家畜《かちく》をおそう悪魔《あくま》のような動物《どうぶつ》」と考《かんが》えられていました。オオカミをつかまえると、すぐに殺《ころ》してしまうこともありました。グリム童話《どうわ》の「赤《あか》ずきん」や「おおかみと七匹《ひき》の子《こ》やぎ」など、オオカミが悪役《あくやく》となってでてくる物語《ものがたり》が多《おお》くあるのもうなずけます。

いっぽう、日本《にっぽん》のいくつかの地域《ちいき》では、オオカミは「田畑《たはた》をあらすサルやシカなどの悪《わる》い動物《どうぶつ》をたいじする守《まも》り神《がみ》」と考《かんが》えられてきました。神様《かみさま》として神社《じんじゃ》にまつる地域《ちいき》もあります。オオカミという名前《なまえ》が、「大《おお》いなる神《かみ》」という意《い》味《み》であるとする説《せつ》もあるほどです。

ダーウィン進化論《しんかろん》

進《しん》化論《かろん》とは、生《い》きものが生《い》きていきやすいようにまわりの環境《かんきょう》にあわせて体《からだ》をかえていくという考《かんが》え方《かた》です。ダーウィンは、その進化論《しんかろん》をもとに、どのようにして生《い》きものが進化《しんか》していったのかを考《かんが》えました。

キリンを例《れい》にしてみましょう。もともと首《くび》の短《みじか》かったキリンのなかに、ほかのキリンより首《くび》の長《なが》いものが生《う》まれたとします。首《くび》の長《なが》いキリンは、高《たか》いところにある木《き》の葉《は》を食《た》べられるなど、首《くび》の短《みじか》いキリンよりも生活《せいかつ》がしやすいため、生《い》きのびて子《こ》どもを残《のこ》していきます。その結果《けっか》、首《くび》の長《なが》いキリンの子孫《しそん》ばかりが栄《さか》えていき、首《くび》の短《みじか》いキリンは消《き》えさってしまいます。

このように同《おな》じ生《い》きものでも、環境《かんきょう》にあったものが生《い》きのび、子孫《しそん》をふやしていくという考《かんが》え方《かた》を「自然淘汰説《しぜんとうたせつ》」といいます。ダーウィンは、自然淘汰《しぜんとうた》によって、長《なが》い年月《ねんげつ》をかけ、生《い》きものは進化《しんか》していくと考《かんが》えました。これが、ダーウィンの進化論《しんかろん》です。

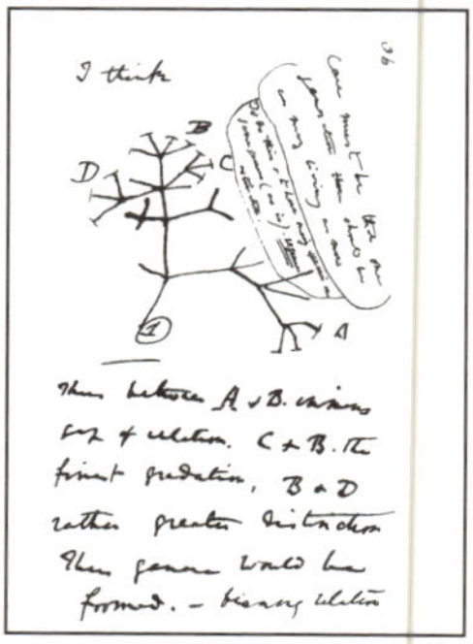

▲「生命《せいめい》の樹《き》」とよばれるダーウィンの進化《しんか》の考《かんが》え方《かた》を書《か》いたメモ。

ダーウィンだけじゃなかった進化論《しんかろん》！

進化論《しんかろん》をとなえた人物《じんぶつ》は、ダーウィンだけではありません。そのなかにはラマルクという人《ひと》がいます。たとえば、高《たか》い木《き》の葉《は》を食《た》べる必要《ひつよう》のあったキリンは、ふだんから首《くび》をのばしているので首《くび》が長《なが》くなり、その子《こ》どもたちの首《くび》は、生《う》まれたときから長《なが》くなっていると、ラマルクは考《かんが》えました。

体《からだ》のよく使《つか》う部分《ぶぶん》は、どんどん発達《はったつ》していき、使《つか》わない部分《ぶぶん》は、おとろえていくという考《かんが》え方《かた》を「用不用説《ようふようせつ》」といいます。ラマルクは、1809年《ねん》に『動物哲学《どうぶつてつがく》』という本《ほん》で用不用説《ようふようせつ》を使《つか》って進化論《しんかろん》を発表《はっぴょう》しました。しかし、実際《じっさい》には、親《おや》が発達《はったつ》させた部分《ぶぶん》は、子《こ》どもに伝《つた》わらないため、現在《げんざい》ではラマルクの進化論《しんかろん》はまちがっているといわれています。

野生《やせい》パンダに大接近《だいせっきん》!

……どうしても
パンダが見《み》たーい!!
わしも
……という3人《にん》の声《こえ》におこたえして

中国《ちゅうごく》のほぼ中央《ちゅうおう》東西《とうざい》1000kmもつらなる秦嶺山脈《しんれいさんみゃく》にやってきました
秦嶺山脈《しんれいさんみゃく》
ここがジャイアントパンダのふるさとです 標高《ひょうこう》3000m級《きゅう》の山《やま》の中腹《ちゅうふく》にはパンダの主食《しゅしょく》であるタケの林《はやし》が広《ひろ》がっています
すっごい山《やま》ね～
ここ登《のぼ》るの？ ヒゲじい大丈夫《だいじょうぶ》かな
山《やま》が広《ひろ》すぎてパンダに会《あ》えるか心配《しんぱい》……
こちらでは研究者《けんきゅうしゃ》がパンダに発信器《はっしんき》をつけて観察中《かんさつちゅう》です
わたしたちもこれをたよりにパンダを探《さが》しに行《い》きましょう！
お－－っ

答《こた》えて！ダーウィン

パンダは、長《なが》い間《あいだ》発見《はっけん》されなかったってほんとう？

▼▼▼

パンダは、フランスのダビッド神父《しんぷ》によって1869年《ねん》に発見《はっけん》されました。発見以前《はっけんいぜん》は、まぼろしの動物《どうぶつ》だと思《おも》われていたのです。

答《こた》えて！ダーウィン

パンダに、なわばりはあるの？

▼▼▼

大人《おとな》のパンダは、なわばりをもっています。オスのなわばりはメスよりも広《ひろ》く、30㎢にもなります。オスは最大《さいだい》10年《ねん》同《おな》じなわばりにいます。

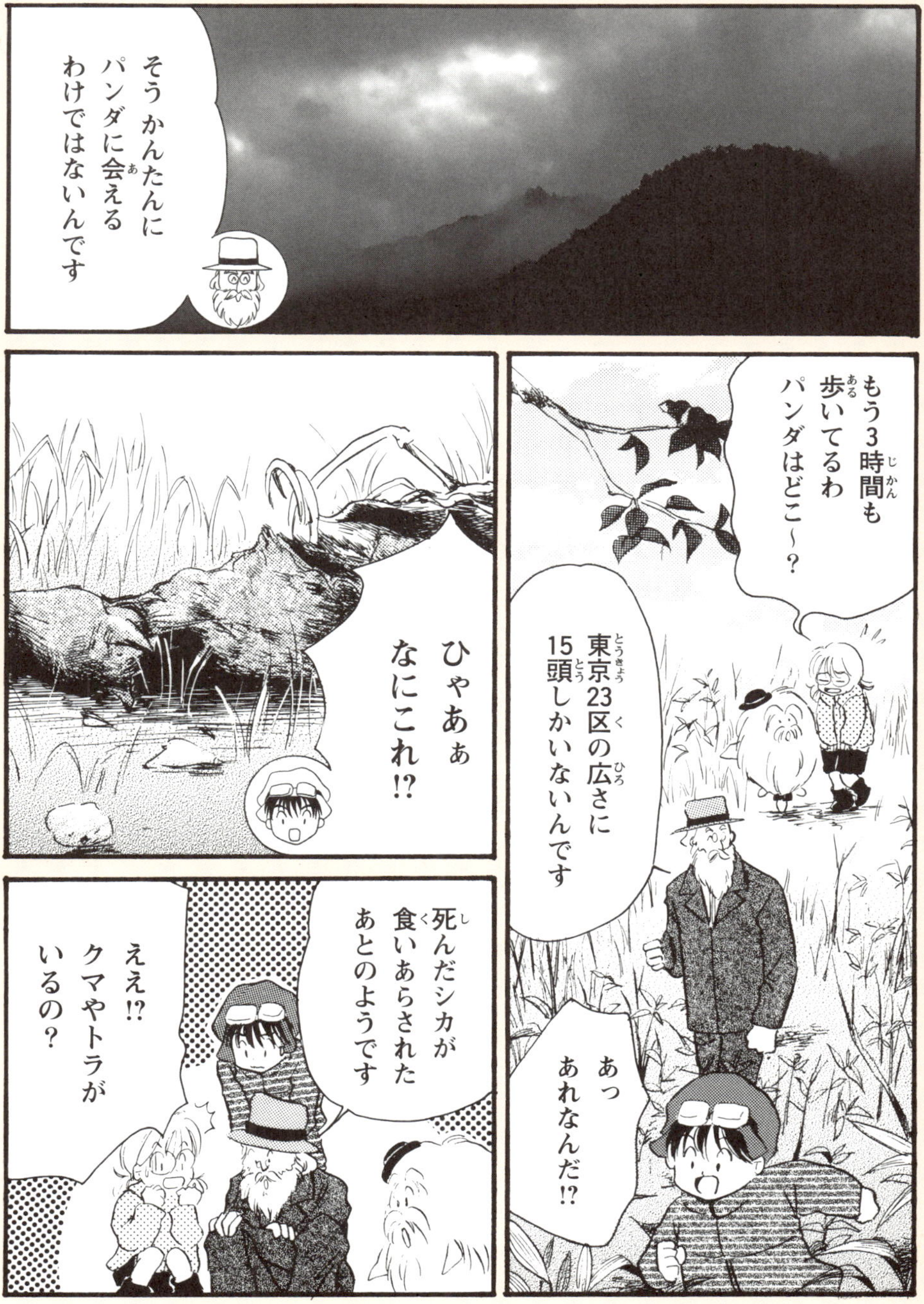
そう かんたんに パンダに会《あ》える わけではないんです
もう3時間《じかん》も 歩《ある》いてるわ パンダはどこ〜？
東京《とうきょう》23区《く》の広《ひろ》さに 15頭《とう》しかいないんです
あっ あれなんだ!?
ひゃあぁ なにこれ!?
死《し》んだシカが 食《く》いあらされた あとのようです
ええ!? クマやトラが いるの？

シカのまわりを見《み》てください
緑《みどり》の……草《くさ》ダンゴ……？
これはパンダのフンです なかを見《み》てみると……
シカの骨《ほね》がまじっています
ちょっと待《ま》った!!
パンダってタケしか食《た》べないんじゃないんですか!?
肉《にく》を食《た》べるのはめずらしいのですがパンダは意外《いがい》と雑食《ざっしょく》なんです 動物園《どうぶつえん》ではジャガイモやリンゴなどもあたえています

教《おし》えて！ ダーウィン!!

パンダは草食動物《そうしょくどうぶつ》になりたかった？

もともとパンダの祖先《そせん》は、クマの仲間《なかま》で雑食《ざっしょく》でした。しかし200万《まん》～300万年《まんねん》前《まえ》、気候《きこう》の変化《へんか》で寒《さむ》さがきびしくなり、獲《え》物《もの》がとれなくなってしまいました。そこで、寒《さむ》さに強《つよ》いタケを主食《しゅしょく》に選《えら》んだと考《かんが》えられています。現在《げんざい》、野生《やせい》のパンダの食《た》べものは、99％がタケです。

タケを主食《しゅしょく》に選《えら》んだパンダは、タケが食《た》べやすいように、歯《は》や指《ゆび》のかたちを変化《へんか》させました。タケを食《た》べているパンダのすがたは、なんとも愛《あい》らしく、まるで草食動物《そうしょくどうぶつ》のようです。

しかしパンダの内臓《ないぞう》は、肉食《にくしょく》の動物《どうぶつ》とあまりかわりません。ふだんは、タケばかり食《た》べているパンダですが、昆虫《こんちゅう》やシカなどを食《た》べることもあるのです。

◀タケを上手《じょうず》につかんで食《た》べるパンダ。

答《こた》えて！ダーウィン

パンダは、クマの仲間《なかま》なの？

▼▼▼

以前《いぜん》はアライグマの仲間《なかま》だという説《せつ》がありましたが、最近《さいきん》の研究《けんきゅう》で、大《おお》むかしにクマから進化《しんか》していったと考《かんが》えられています。

肉《にく》を食《た》べるパンダ……
ワイルドですな…
フンがあるってことはパンダもそのへんに……いる？
いたあああ〜っ
本物《ほんもの》のパンダよ〜っ!!
なんて愛《あい》らしい!!

むくり
カシュ
カシュ
やっぱりタケを食《た》べてる
自然《しぜん》のなかではタケの葉《は》が主食《しゅしょく》ですからね
丸《まる》っこい手《て》でうまいこと食《た》べるなぁ

教《おし》えて！ダーウィン!!

パンダは絶滅寸前《ぜつめつすんぜん》！

中国《ちゅうごく》の秦嶺山脈《しんれいさんみゃく》や臥龍《ウォロン》自然保護区《しぜんほごく》などの山林《さんりん》には、約《やく》1600頭《とう》のパンダが生息《せいそく》しています。この山林《さんりん》が、切《き》りひらかれ、パンダの生息地域《せいそくちいき》が分断《ぶんだん》されてしまいました。それによって、パンダの通《とお》り道《みち》がたたれて、子《こ》づくりの場所《ばしょ》へ行《い》けないパンダが増《ふ》えてしまったのです。

また、タケは種類《しゅるい》によって30～120年《ねん》ごとに、いっせいに開花《かいか》してかれる植物《しょくぶつ》です。パンダの生息地《せいそくち》が広《ひろ》ければ、1種類《しゅるい》のタケがかれてしまっても、ちがう種類《しゅるい》のタケは残《のこ》り、食《た》べていくことができます。しかし生息地《せいそくち》が細《こま》かく分《わ》かれてしまうと、かれていないタケを見《み》つけることができず、餓死《がし》してしまうのです。

◀餓死《がし》してしまったパンダ。

答《こた》えて!ダーウィン

どうやって、ほかのパンダになわばりを知《し》らせるの?

▼▼▼

木《き》などの大《おお》きなものに、おしりをこすりつけて、においをつけたり、鳴《な》き声《ごえ》をだして、なわばりを知《し》らせます。

3月末《がつすえ》秦嶺山脈《しんれいさんみゃく》に春《はる》が来《き》ました
ウォ…
ウォォ…
ウォォ…
さっきからなに?この声《こえ》
イヌみたいだなぁこのへんに野犬《やけん》がいるのかな?
では今《いま》から声《こえ》の主《ぬし》を探《さが》しに行《い》きましょう!
あっ木《き》の上《うえ》……!!
パンダ!? 20mくらいあるぞ!

答《こた》えて！ ダーウィン

中国語《ちゅうごくご》で、パンダって どう書《か》くの？

▼▼▼

大熊猫、大猫熊、熊猫、白熊などと書《か》きます。むかし、中国《ちゅうごく》ではパンダを食《た》べる人《ひと》もいて、ネコに似《に》た味《あじ》（？）がしたそうです。

答《こた》えて！ダーウィン

パンダは木登《きのぼ》りがとくいなの？

▼▼▼

パンダは、子《こ》づくりの相手《あいて》を探《さが》したり、危険《きけん》をさけるために木《き》に登《のぼ》ります。でも、おりるのは苦手《にがて》。よく木《き》から落《お》ちます。

ん？なんですか ヒゲじい
メスはオスの気《き》をひくために木《き》に登《のぼ》るんでしょ？
せっかく来《き》たオスを追《お》っぱらうって……!?
じつはまだメスの体《からだ》の準備《じゅんび》ができてないんです
しかもメスがオスを受《う》けいれられる期間《きかん》は短《みじか》くたった数日《すうじつ》です
じゃあオスはずっと木《き》の下《した》で待《ま》ってるの？
4日間《かかん》も飲《の》まず食《く》わずで待《ま》ちつづけることもあるんです
まだかなー
ほほう……なんだパンダいっても女性《じょせい》に主導権《しゅどうけん》があるんですな
あっ メスがおりてきた！

答《こた》えて！ダーウィン

パンダはいつねむるの？

▼▼▼

パンダは竹《たけ》やぶのなかで、1時間半《じかんはん》くらいねむります。夜《よる》ねむるわけではなく、約《やく》2時間《じかん》起《お》きて、食《た》べて、ねむってを一日中《いちにちじゅう》くりかえします。

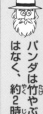

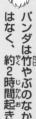

ガブッ
ガウッ
ガウッ
バキバキッ
ギャオッ
すごーい
パンダ
強《つよ》いなあ
ギャギャー
ギャー
メスはオスのケンカを
木《き》の上《うえ》から見《み》ています
より強《つよ》いオスを
見《み》きわめようとして
いるんです
ほお

ガサガサッ
キュイッ
ダダダダダ
あっ
にげた!!
今《いま》ので
決着《けっちゃく》ついたの?
勝ったのは
先にいた方…
パンダのケンカは
耳《みみ》をかじるのが
決《き》め手《て》になるんです
ケンカに負《ま》けつづけると
耳《みみ》がなくなってしまう
くらい強《つよ》く
かみあうんですよ

答《こた》えて！ダーウィン

パンダはタケノコが大好《だいす》きなの？

タケノコはやわらかくておいしいので、パンダの大好物《だいこうぶつ》です。しかも、たんぱく質《しつ》という、大切《たいせつ》な栄養分《えいようぶん》がたくさんふくまれているんですよ。

ようやくカップル成立《せいりつ》ですな
パンダって平和《へいわ》にのんびりしているものだと思《おも》ってたわ
8月《がつ》には新《あたら》しい命《いのち》が誕生《たんじょう》しますよ
あれは5か月前《げつまえ》カップルになったメスのパンダです
岩《いわ》かげにかくれちゃった
8月《がつ》は子《こ》どもを産《う》む季節《きせつ》です

ダーウィンビジョンで岩穴《いわあな》をそっとのぞいてみましょう
パンダは岩穴《いわあな》にはいりたった1頭《とう》で赤《あか》ちゃんを産《う》みます

教《おし》えて！ダーウィン!!

パンダはママが大好《だいす》き！

野生《やせい》のパンダが産《う》む赤《あか》ちゃんは一度《いちど》に1頭《とう》だけ。生《う》まれたての赤《あか》ちゃんの体重《たいじゅう》は、母《はは》パンダの1000分《ぶん》の1ほどしかありません。母《はは》パンダは約《やく》9か月《げつ》までお乳《ちち》をあげて育《そだ》てます。

大人《おとな》のパンダは単独行動《たんどくこうどう》を好《この》みますが、赤《あか》ちゃんが1歳半《さいはん》になるまでは、母《はは》と子《こ》はいっしょに行動《こうどう》します。母《はは》パンダが次《つぎ》の子《こ》どもを産《う》まなかった場合《ばあい》、2歳半《さいはん》までいっしょに生活《せいかつ》することもあります。

さすがに2歳半《さいはん》にもなると、子《こ》パンダは、母《はは》パンダに追《お》いだされてしまいます。しかし、ひとりになっても、母《はは》パンダの近《ちか》くで生活《せいかつ》することが多《おお》いようです。

パンダの子《こ》はあまえんぼうなのかもしれません。

◀お乳《ちち》を飲《の》ませる母《はは》パンダ。

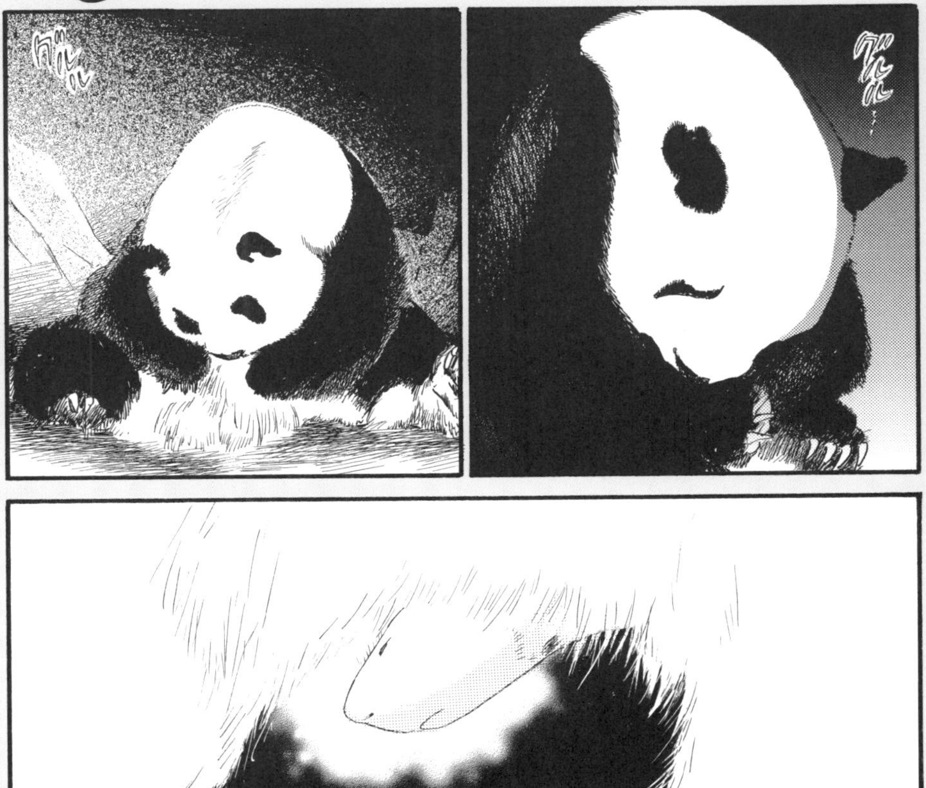

答《こた》えて！ダーウィン

生《う》まれたばかりのパンダの赤《あか》ちゃんの大《おお》きさは？

▼▼▼

生《う》まれたばかりの赤《あか》ちゃんは、体長《たいちょう》は10～15㎝、体重《たいじゅう》はわずか90～130gしかありません。目《め》も見《み》えません。

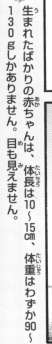

あれ
赤《あか》ちゃんだわ！
キュー…
もようがないと…
パンダに見《み》えないぞっ!!
そっ…
ペろ
ペろ
ちゅー
ちゅー…
お乳《ちち》飲《の》んでるみたい
赤《あか》ちゃんがパンダらしくなるのっていつごろ？

そうですねぇ 10日《か》目《め》ぐらいで うっすらと 白黒《しろくろ》もようがでてきます 3か月《げつ》もすれば 自分《じぶん》で歩《ある》けるように なりますよ
いつかあのチビも メスをめぐって すごいケンカを するんだな
モテモテの 女《おんな》の子《こ》かも しれないわよ
秦嶺山脈《しんれいさんみゃく》に 新《あたら》しいパンダの命《いのち》が 誕生《たんじょう》しました
けわしい山《やま》の竹林《たけばやし》に生《い》きる 野生《やせい》のジャイアントパンダ
その愛《あい》らしいすがたの おくに きびしい自然《しぜん》を 生《い》きぬくたくましさを ひめていました

もっと知《し》りたい!
ジャイアントパンダのひみつ

ジャイアントパンダは、動物園《どうぶつえん》の人気者《にんきもの》です。クマの仲間《なかま》なのに、タケやタケノコばかりを食《た》べる、かわった一面《いちめん》もあります。どんなひみつがあるのか見《み》てみましょう。

ジャイアントパンダの体《からだ》

歯《は》

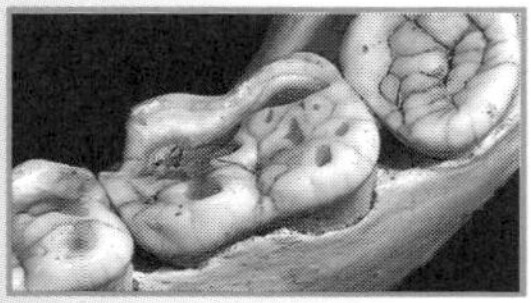

奥歯《おくば》は、平《ひら》たいうすのようなかたちをしている。かたいタケをバリバリと食《た》べることができる。

クマの仲間《なかま》をくらべよう

同《おな》じクマの仲間《なかま》でも、すんでいる場《ば》所《しょ》や環境《かんきょう》によって、特徴《とくちょう》が、ずいぶんちがいます。

	ジャイアントパンダ	ホッキョクグマ	ヒグマ
すみか	高《たか》い山《やま》の竹林《たけばやし》	北極《ほっきょく》、海辺《うみべ》	森林《しんりん》、草原《そうげん》
毛《け》の色《いろ》	 白《しろ》と黒《くろ》	 白《しろ》	 こい茶色《ちゃいろ》
食《た》べもの	ほぼ草食《そうしょく》。タケやタケノコを食《た》べる。	肉食《にくしょく》。アザラシなどを食《た》べる。	雑食《ざっしょく》。木《き》の実《み》や、魚《さかな》を食《た》べる。
体長《たいちょう》	大《おお》きなもので約《やく》1.9m	大《おお》きなもので約《やく》3m	大《おお》きなもので約《やく》2.8m

子《こ》ども

まだ歩《ある》くことのできない赤《あか》ちゃんパンダは、ワシなどにねらわれやすい。母《はは》パンダは、すみかをかえながら、敵《てき》に見《み》つからないようにする。赤《あか》ちゃんが乳《ち》ばなれするまでは、だっこしたりくわえたりして、移動《いどう》をつづける。

毛《け》

白《しろ》と黒《くろ》の2色《しょく》の毛《け》は、暗《くら》やみでは白《しろ》い毛《け》しか見《み》えない。ほかの動物《どうぶつ》からは、生《い》きものには見《み》えなくなるといわれている。

前《まえ》あし

5本《ほん》の指《ゆび》のほかに、こぶのような骨《ほね》がある(下《した》の写真《しゃしん》の円《えん》で囲《かこ》まれた部分《ぶぶん》)。このこぶのおかげで、パンダはしっかりとタケをつかめる。

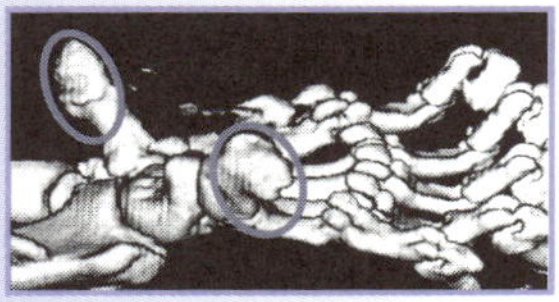

▲パンダの手《て》をCT《シーティー》スキャンで撮《と》ったもの。真《ま》ん中《なか》は第《だい》6の指《ゆび》、左上《ひだりうえ》が第《だい》7の指《ゆび》とよばれている骨《ほね》。

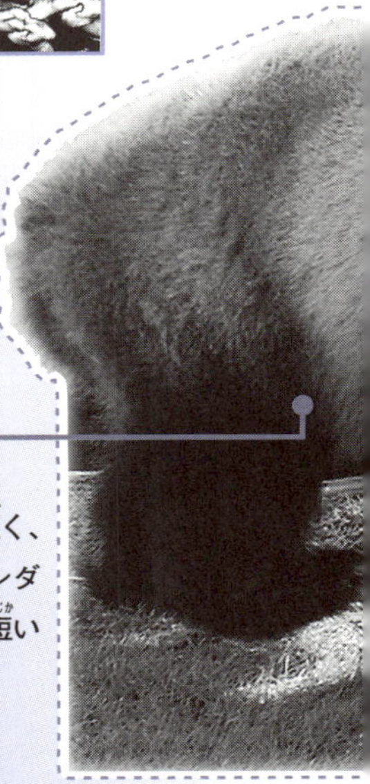

腸《ちょう》

ふつう、肉食動物《にくしょくどうぶつ》は短《みじか》く、草食動物《そうしょくどうぶつ》は長《なが》い。パンダは肉食動物《にくしょくどうぶつ》のような短《みじか》い腸《ちょう》をもっている。

ジャイアントパンダ

体重《たいじゅう》:約《やく》100kg
体長《たいちょう》:約《やく》1.5m
寿命《じゅみょう》:飼育下《しいくか》では長《なが》いもので30年以上《ねんいじょう》
活動時間《かつどうじかん》:昼夜《ちゅうや》
食《た》べもの:タケの葉《は》や茎《くき》の先《さき》、タケノコなど
天敵《てんてき》:いない
生息《せいそく》マップ
中国《ちゅうごく》のほぼ中央《ちゅうおう》、標高《ひょうこう》1200〜3400mの山岳地帯《さんがくちたい》

ジャイアントパンダの食事《しょくじ》

体重約《たいじゅうやく》100kgのパンダなら、1日《にち》に30kg以上《いじょう》のタケを食《た》べます。栄養《えいよう》の少《すく》ないタケから、十分《じゅうぶん》な栄養《えいよう》をとるためには、たくさんの量《りょう》を食《た》べなければならないからです。パンダの食事《しょくじ》をする時間《じかん》は、起《お》きている時間《じかん》の70%といわれています。長《なが》いときは、14時間《じかん》も食事《しょくじ》をしていることがあります。

石《いし》は宝《たから》！南極《なんきょく》ペンギン

うっわ～ 寒《さむ》～い
はくしゅっ
寒《さむ》いなんてもんじゃない！痛《いた》い!! 顔《かお》が痛《いた》い!!

ここは地球《ちきゅう》のはて 南極大陸《なんきょくたいりく》 細《ほそ》い半島《はんとう》が角《つの》のように つきだしています ここが今日《きょう》の舞台《ぶたい》です
南極半島《なんきょくはんとう》
南極大陸《なんきょくたいりく》
南極大陸《なんきょくたいりく》の面積《めんせき》は 日本《にっぽん》の約《やく》33倍《ばい》 そのほとんどが平均《へいきん》 2000mもある厚《あつ》い氷《こおり》に 一年中《いちねんじゅう》おおわれています

答《こた》えて！
ダーウィン

なぜ、ペンギンは、よちよち歩《ある》くの？

▼▼▼

ペンギンは、寒《さむ》さから身《み》を守《まも》り、泳《およ》ぐときにじゃまにならないように、あしの先《さき》だけしか体《からだ》の外《そと》にでていません。そのため歩《ある》くのが苦手《にがて》なのです。

海岸《かいがん》から2km 30分《ぷん》かけて たどりついたのは 岩場《いわば》です
南極《なんきょく》って氷《こおり》と雪《ゆき》 だけだと思《おも》ってた
南極半島《なんきょくはんとう》では 冬《ふゆ》が終《お》わると 雪《ゆき》のない 場所《ばしょ》が ところどころに できるんです
岩場《いわば》に到着《とうちゃく》しました ここからが 勝負《しょうぶ》なんです
パクッ
あれ なにしてるの？
オイオイ 石《いし》は食《く》えないぞ
ポテ
ポテ
コロリ
……石《いし》を 集《あつ》めてるの？

答《こた》えて！ダーウィン

ほかにも石《いし》を集《あつ》めるペンギンはいるの？

▼▼▼

アデリーペンギンの仲間《なかま》のジェンツーペンギンやヒゲペンギンも石《いし》を集《あつ》めて巣《す》をつくります。これらのペンギンも、ふつう2個《こ》の卵《たまご》を産《う》みます。

答《こた》えて! ダーウィン

夫婦《ふうふ》が再会《さいかい》したって、どうしてわかるの?

アデリーペンギンの夫婦《ふうふ》が再会《さいかい》すると、のびあがって、頭《あたま》をいっしょに左右《さゆう》にふります。これが夫婦《ふうふ》のあいさつなんです。

そうです アデリーペンギンは 石《いし》をつみあげて 巣《す》をつくっているんです
オスは石《いし》を集《あつ》めて 少《すこ》しでもりっぱな巣《す》をつくろうとしています
ひとあし おくれて メスが やってきました
ギャ ギャアギャア ギャア カァ カカ カァ ギャア カカ
すっごい 大《おお》さわぎだ!!
メスをよんで いるんです 夫婦《ふうふ》のきずなは とても強《つよ》いんです
冬《ふゆ》の間《あいだ》 はなればなれで くらしていたカップルは ここで再会《さいかい》します

ちょっと待《ま》った!!
なんですヒゲじい？
こんなにたくさんのペンギンがいてどうして前《まえ》の年《とし》の相手《あいて》がわかるんです？
ペンギンって同《おな》じ顔《かお》してるよね
ペンギンは太陽《たいよう》の向《む》きや陸《りく》の地形《ちけい》を見《み》ながらまちがいなく前《まえ》の年《とし》と同《おな》じ場所《ばしょ》にもどります
そして相手《あいて》の声《こえ》を聞《き》くんです
声《こえ》!?
ギャアー ギャギャ
カカカーーーァ
わたしたちには同《おな》じに聞《き》こえますが一羽一羽《いちわいちわ》びみょうにちがっているんです
夫婦《ふうふ》が再会《さいかい》したあともオスは石《いし》を集《あつ》めてよりよい巣にしようとがんばります
うりゃあ見《み》ろ！このデカい石《いし》を!!
キャーッ あなたステキ!! ラブ♥
ゴロン

答《こた》えて！ダーウィン

すべての夫婦《ふうふ》が再会《さいかい》できるの？

残念《ざんねん》ながら再会《さいかい》できる夫婦《ふうふ》は、半分《はんぶん》くらいです。自然環境《しぜんかんきょう》のきびしい南極《なんきょく》で、1年間《ねんかん》生《い》きのびて、夫婦《ふうふ》が再会《さいかい》するのは、たいへんなことなのです。

答《こた》えて！ダーウィン

いい石《いし》を集《あつ》められなかったオスはどうするの？

▼▼▼

石《いし》を集《あつ》められず、いい巣《す》がつくれなければ、メスはほかのオスのところへ行《い》ってしまうこともあります。だから、オスは必死《ひっし》なんです。

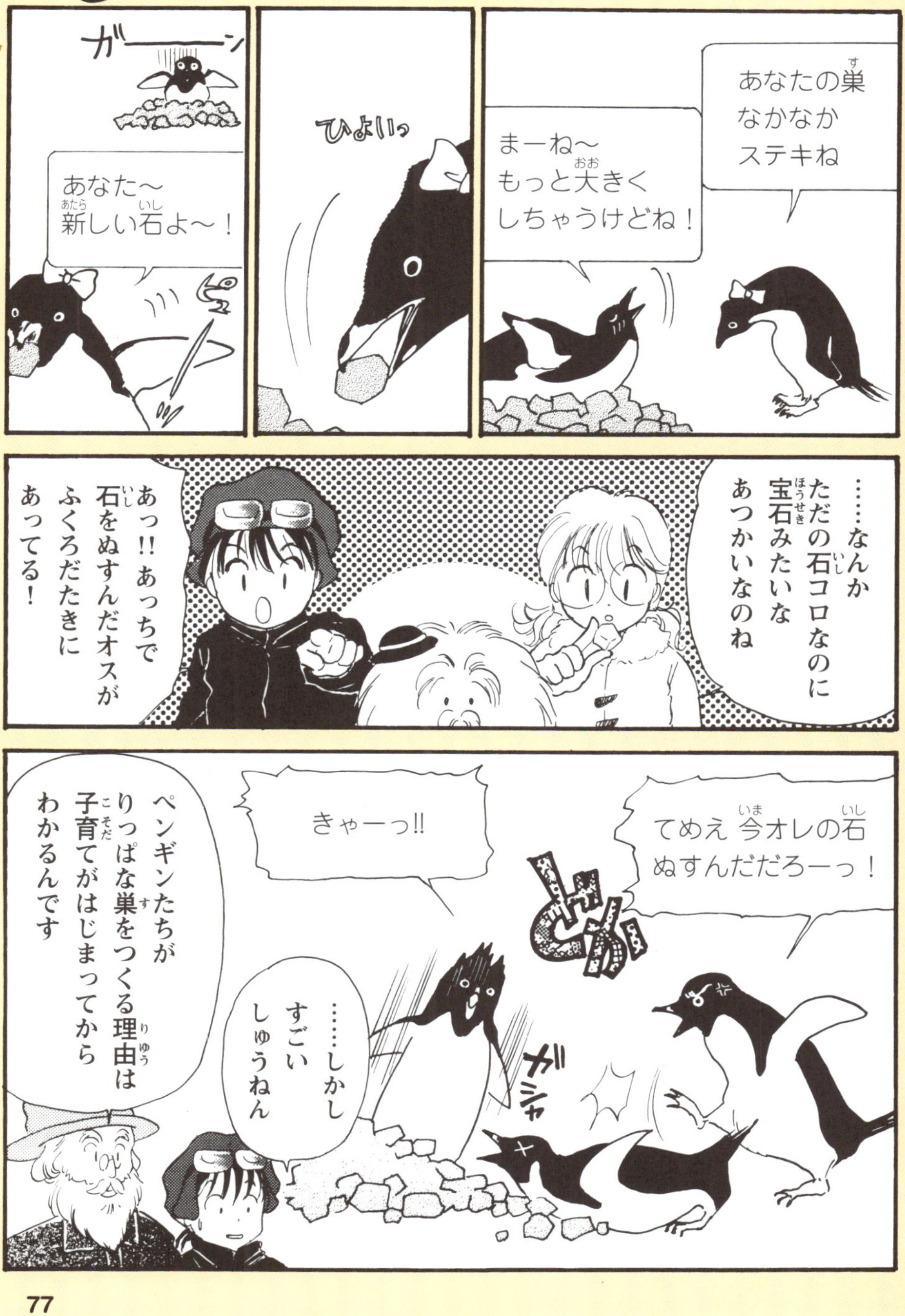

あなたの巣《す》 なかなか ステキね
まーね〜 もっと大《おお》きく しちゃうけどね！
ひょいっ
ガーーーン
あなた〜 新《あたら》しい石《いし》よ〜！
……なんか ただの石《いし》コロなのに 宝石《ほうせき》みたいな あつかいなのね
あっ!! あっちで 石《いし》をぬすんだオスが ふくろだたきに あってる！
てめえ 今《いま》オレの石《いし》 ぬすんだだろーっ！
どがっ
きゃーっ!!
ガシャ
……しかし すごい しゅうねん
ペンギンたちが りっぱな巣《す》をつくる理由《りゆう》は 子育《こそだ》てがはじまってから わかるんです

12月《がつ》 南極《なんきょく》では 夏《なつ》のはじまりです
見《み》て！ 卵《たまご》よ!!
この巣《す》は りっぱだなあ
この巣《す》は 2000個《こ》もの石《いし》で つくられています
富士山《ふじさん》のような かたちで 真《ま》ん中《なか》に卵《たまご》を おくためのくぼみも つくられています
いっぽうこちらは たくさんの石《いし》を 集《あつ》められなかった 巣《す》です
コロリ…
コロコロ…
ああ〜っ 卵《たまご》が転《ころ》がってる!!

答《こた》えて！ダーウィン

南極《なんきょく》は12月《がつ》が夏《なつ》なの？

▼▼▼

赤道《せきどう》から北《きた》の地域《ちいき》では、日本《にっぽん》と同《おな》じように、だいたい6〜8月《がつ》が夏《なつ》です。反対《はんたい》に南極《なんきょく》など、赤道《せきどう》より南《みなみ》の地域《ちいき》では12〜2月《がつ》くらいが夏《なつ》なんです。

ペンギンはあまり器用《きよう》な鳥《とり》ではありません
スカッ
スカッ
くちばしにはさめないものは運《はこ》べません
……
あきらめたみたい……
サヤハシチドリです 巣《す》から転《ころ》がりでた卵《たまご》はこうしてえじきになってしまいます 石《いし》の少《すく》ない巣《す》は危険《きけん》ととなりあわせです
……だからあんなに石集《いしあつ》めをがんばっていたのね……
雪《ゆき》だ! 夏《なつ》なのに!!
吹雪《ふぶき》よ!!
南極《なんきょく》では夏《なつ》でも雪《ゆき》がふることがあるんです

答《こた》えて! ダーウィン

サヤハシチドリってどんな鳥《とり》?

ハトくらいの大《おお》きさの鳥《とり》で、南極《なんきょく》のまわりの島《しま》にすんでいます。ペンギンの卵《たまご》やヒナをおそったり、ヒナにあげるエサを横《よこ》どりしたりします。

卵《たまご》!!
卵《たまご》は大丈夫《だいじょうぶ》か!?
わぁわぁ
よかった！親《おや》がちゃんとたてになって守《まも》ってる……
じつはこのとき石《いし》の巣《す》が親《おや》といっしょに卵《たまご》を守《まも》っています
雪《ゆき》がつもると親《おや》の体温《たいおん》で雪《ゆき》どけ水《みず》ができます
雪《ゆき》どけ水《みず》
雪《ゆき》どけ水《みず》
それらすべてが石《いし》のすき間《ま》から流《なが》れ落《お》ちます
おかげで卵《たまご》はぬれないんです
そっかぁアデリーペンギンにとって石《いし》は宝石《ほうせき》みたいに価値《かち》があるのね
岩場《いわば》といっても石《いし》の数《かず》はかぎられているからな
子育《こそだ》ての成功《せいこう》は石《いし》をたくさん集《あつ》めてりっぱな巣《す》をつくれるかにかかっているのです

答《こた》えて！ダーウィン

ペンギンは、なんでおなかで卵《たまご》を温《あたた》めるの？

おなかに羽《はね》があまり生《は》えていなくて、血管《けっかん》がすけて見《み》える部分《ぶぶん》があります。そこに卵《たまご》をおしあてると、温《あたた》めることができるのです。

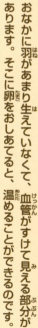

答《こた》えて! ダーウィン

ペンギンはなにを食《た》べているの?

オキアミというエビに似《に》たプランクトンです。ヒナにエサをあげるときは、まず海《うみ》でたくさんオキアミを食《た》べておいて、あとではきもどしてあたえます。

12月《がつ》下旬《げじゅん》……
わぁ……っ
子育《こそだ》てはこれからが本番《ほんばん》親《おや》は大《おお》いそがしになります
ペンギンの子育《こそだ》ては夫婦《ふうふ》で分担《ぶんたん》しておこないます
いっぽうがヒナを守《まも》って待《ま》っている間《あいだ》もういっぽうがヒナのエサをとりに海《うみ》へ行《い》きます
行《い》ってらっしゃーい
行《い》ってきまーす

ぴょん
速《はや》いっ!!
ペンギンは空《そら》は飛《と》べませんが水《みず》のなかを飛《と》ぶように泳《およ》ぎます

オキアミなどをおなかにたくわえて先《さき》にでかけたほうが帰《かえ》ってきました
今度《こんど》は子守《こもり》をしていたほうがでかけていきます
たくさん食《た》べといで
いいチームワークだ……

教《おし》えて! ダーウィン!!

アデリーペンギンの子育《こそだ》てのひけつ?

卵《たまご》が産《う》まれると、メスとオスは交代《こうたい》で卵《たまご》を温《あたた》めます。いっぽうが約《やく》2週間《しゅうかん》かけて食事《しょくじ》をとりに行《い》っている間《あいだ》は、残《のこ》された親《おや》はなにも食《た》べずに卵《たまご》を守《まも》っています。卵《たまご》がかえると、ヒナを守《まも》る係《かかり》とエサをとりに行《い》く係《かかり》をおよそ3日《か》ずつ交互《こうご》にくりかえします。生《う》まれたてのヒナは、体力《たいりょく》がなく、大人《おとな》のような寒《さむ》さに強《つよ》い羽《はね》も生《は》えていないため、親《おや》が温《あたた》めてやります。

ヒナが少《すこ》し大《おお》きくなると、クレイシとよばれる保育園《ほいくえん》のようなところで、ヒナだけで生活《せいかつ》しはじめます。オス、メスそれぞれがエサを運《はこ》んでヒナにとどけます。

両親《りょうしん》の連携《れんけい》プレーがアデリーペンギンの子育《こそだ》てのひけつなのです。

◀両親仲《りょうしんなか》よく、羽《は》づくろいをしている。

答《こた》えて！ダーウィン

地球温暖化《ちきゅうおんだんか》でアデリーペンギンは絶滅《ぜつめつ》するの？

▼▼▼

すぐに絶滅《ぜつめつ》はしないでしょう。地球温暖化《ちきゅうおんだんか》の影響《えいきょう》で死《し》んでしまうアデリーペンギンはいますが、場所《ばしょ》によっては数《かず》が増《ふ》えているからです。

ザァァアーーー
うそ!! 雨《あめ》!?
ちょちょちょちょ ちょっと待《ま》った!!
南極《なんきょく》にも雨《あめ》がふるの!?
はいほんの30年前《ねんまえ》までは雪《ゆき》はふっても雨《あめ》がふることはめったにありませんでした
最近《さいきん》の地球温暖化《ちきゅうおんだんか》のせいかもしれません

答《こた》えて！ダーウィン

雨《あめ》で流《なが》されたヒナはどうなるの？

▼▼▼

ペンギンはあまり器用《きよう》ではありません。雨《あめ》で流《なが》されて、親《おや》の足下《あしもと》からはなれてしまったヒナをたすけることはできないのです。

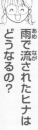

ペンギンのヒナの羽《はね》は
大人《おとな》とちがって防水力《ぼうすいりょく》が
ぜんぜんないんです
ペンギンにとって
雨《あめ》に打《う》たれるなんて
まったくの想定外《そうていがい》
ヒナは羽《はね》が水《みず》にぬれると
体温《たいおん》が下《さ》がって
死《し》んでしまいます
フワ
フワ

教《おし》えて！ ダーウィン!!

地球温暖化《ちきゅうおんだんか》の南極《なんきょく》への影響《えいきょう》は？

今《いま》、世界各地《せかいかくち》ではさまざまな理由《りゆう》で気温《きおん》が上《あ》がってしまう温暖化現象《おんだんかげんしょう》が、起《お》きています。南極半島《なんきょくはんとう》でも、この50年間《ねんかん》で平均気温《へいきんきおん》は、2・5度《ど》も上昇《じょうしょう》しました。夏《なつ》には10度《ど》をこえることもあります。暑《あつ》さに弱《よわ》いアデリーペンギンは、苦《くる》しんでいます。

急激《きゅうげき》な気温《きおん》の変化《へんか》は、天気《てんき》までもくるわせました。南極半島《なんきょくはんとう》に雨《あめ》がふるようになったのです。雨《あめ》がふり、雪《ゆき》をとかして、川《かわ》がなかったはずの南極《なんきょく》に川《かわ》ができてしまいました。アデリーペンギンの子《こ》づくりの場所《ばしょ》も水《みず》びたしです。巣《す》の石《いし》が水《みず》にひたると、子《こ》づくりができなくなってしまいます。

わたしたち人間《にんげん》がひきおこした地球《ちきゅう》の温暖化《おんだんか》。その影響《えいきょう》は、はるか遠《とお》く南極《なんきょく》にまでおよんでいるのです。

◀水《みず》びたしになった岩場《いわば》。

答《こた》えて！ダーウィン

親《おや》とはなれたヒナはどこに行《い》くの？

冬《ふゆ》の間《あいだ》は、海《うみ》や氷《こおり》の上《うえ》にいます。巣立《すだ》ったヒナは若鳥《わかどり》とよばれ、夏《なつ》になると毎年《まいとし》、産《う》まれた岩場《いわば》へもどってきます。

あの雨《あめ》から2か月《げつ》……
たくさんの試練《しれん》をくぐりぬけてヒナたちはずいぶん大《おお》きくなりました
よかったな！
生《い》き残《のこ》った子《こ》たちは元気《げんき》そう……
冬《ふゆ》が近《ちか》づいていますアデリーペンギンは南極《なんきょく》の海《うみ》へ旅立《たびだ》つ準備《じゅんび》をはじめます
アハハヘンな顔《かお》〜
ヒナの産毛《うぶげ》が大人《おとな》の羽《はね》に生《は》えかわったのね

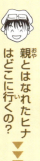

これからは自分《じぶん》たちの力《ちから》だけで生《い》きていくのです
ヒナはひとり立《だ》ちしいよいよ海《うみ》へ向《む》かいます
親《おや》が先《さき》に飛《と》びこんでヒナをさそいます

教《おし》えて！ ダーウィン!!

飛《と》べないペンギンの特技《とくぎ》？

ペンギンは翼《つばさ》がありますが、空《そら》を飛《と》ぶことはできません。陸《りく》の上《うえ》では歩《ある》いたり、氷《こおり》の上《うえ》をおなかですべったりして移動《いどう》します。しかし海《うみ》へ入《はい》ってしまえば大変身《だいへんしん》。フリッパーとよばれる翼《つばさ》を器用《きよう》に動《うご》かして、みごとな泳《およ》ぎを見《み》せてくれます。

ペンギンの多《おお》くは、寒《さむ》さのきびしい自然《しぜん》のなかで生活《せいかつ》しています。陸《りく》ではなく、豊《ほう》富《ふ》な海《うみ》の食《た》べものをえるためには、上手《じょうず》に泳《およ》げなくてはならないのです。なんとアデリーペンギンは深《ふか》さ40mまでもぐることができます。170mももぐれるものもいるそうです。

海《うみ》を泳《およ》ぐそのすがたは、まるでイルカのようです。

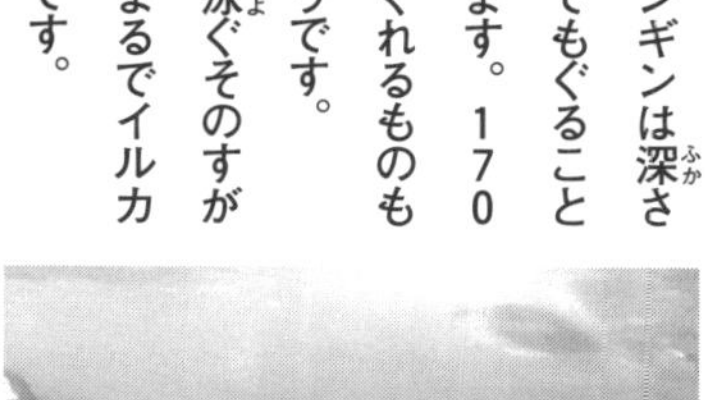

◀海《うみ》のなかを泳《およ》ぐアデリーペンギン。

……コワイ
ヨロ…
ガンバレ ガンバレ!!
ジャンプ ジャンプ！
ザパ
あ!!
ヒナたちはこれから はるか沖《おき》に向《む》かって 旅立《たびだ》っていきます
そして数年後《すうねんご》 大人《おとな》になって この地《ち》にもどり 両親《りょうしん》と同《おな》じように 石《いし》を集《あつ》めるでしょう
地球環境《ちきゅうかんきょう》が変化《へんか》するなか アデリーペンギンの生《い》きる 場所《ばしょ》がなくならないよう いのらずにはいられません

もっと知《し》りたい！ アデリーペンギンのひみつ

冬《ふゆ》には、海《うみ》がこおってしまうほど寒《さむ》い南極《なんきょく》。アデリーペンギンたちは、どのようにして寒《さむ》さから身《み》を守《まも》っているのでしょうか？ 体《からだ》のしくみや1年《ねん》のすごし方《かた》にひみつがあります。

南極《なんきょく》は、一面《いちめん》のペンギン世界《せかい》！

アデリーペンギンの体《からだ》

羽《はね》
羽《はね》が体《からだ》をびっしりとおおっている。その先端《せんたん》には毛《け》がすきまなく生《は》えているので、つめたい水《みず》を通《とお》さない。

翼《つばさ》
フリッパーとよばれている。泳《およ》ぐときに使《つか》う。

目《め》
目《め》のまわりが白《しろ》いことが、アデリーペンギンのいちばんの特徴《とくちょう》。

大人《おとな》

尾《お》
尾《お》のつけ根《ね》に、脂《あぶら》のでる腺《せん》がある。脂《あぶら》を体中《からだじゅう》の羽《はね》にぬりこんで、水《みず》をはじく。

アデリーペンギンの1年《ねん》

南極《なんきょく》の夏《なつ》は12〜2月《がつ》です。春《はる》と秋《あき》はほとんどなく、4〜10月《がつ》は、ずっと冬《ふゆ》です。

初夏《しょか》 11月《がつ》 上陸《じょうりく》
オスは岩場《いわば》に移動《いどう》。石《いし》を集《あつ》めはじめる。数日後《すうじつご》、メスも岩場《いわば》へ到着《とうちゃく》する。

夏《なつ》 12月《がつ》 産卵《さんらん》
オス・メス交代《こうたい》で卵《たまご》を温《あたた》める。

1月《がつ》

2月《がつ》 ヒナ誕生《たんじょう》
オス・メス交代《こうたい》でヒナを守《まも》る。少《すこ》し大《おお》きくなるとヒナだけで集《あつ》まり、生活《せいかつ》する。

初冬《しょとう》 3月《がつ》 海《うみ》へでる
オス・メス・成長《せいちょう》したヒナが岩場《いわば》をはなれ、単独行動《たんどくこうどう》をはじめる。

冬《ふゆ》 4月《がつ》

◀日本《にっぽん》へやってきたペンギン。

ペンギン大好《だいす》き日本人《にほんじん》

かつての日本《にっぽん》では、クジラをとるために、南極《なんきょく》に行《い》く人《ひと》が多《おお》くいました。そのときにもち帰《かえ》られたペンギンが、日本中《にっぽんじゅう》の動物園《どうぶつえん》や水族館《すいぞくかん》にプレゼントされ、大人気《だいにんき》となりました。

今《いま》では、世界《せかい》で飼育《しいく》されているペンギンの約《やく》4割《わり》が、日本《にっぽん》にいます。日本《にっぽん》は世界一《せかいいち》ペンギンを飼《か》っている国《くに》なのです。

▲羽《はね》が生《は》えかわるときの子《こ》ペンギン。頭《あたま》には、水《みず》を通《とお》してしまうヒナの羽毛《うもう》が残《のこ》っている。大人《おとな》の羽《はね》が生《は》えそろえば、体温《たいおん》を一定《いってい》に保《たも》つことができる。

羽《はね》

やわらく、脂《あぶら》がぬられていないので、水《みず》をしみこませてしまう。つめたい水《みず》は、ヒナの体温《たいおん》をうばう。

ヒナ

生《う》まれたてのヒナは、とても小《ちい》さく、体重《たいじゅう》は、およそ80gしかない。

アデリーペンギン

体重《たいじゅう》：約《やく》5kg
体長《たいちょう》：約《やく》70㎝
食《た》べもの：オキアミ、魚《さかな》など
天敵《てんてき》：ヒョウアザラシ
泳《およ》ぐ速《はや》さ：時速《じそく》5～10㎞
すみか：海岸《かいがん》、氷《こおり》の上《うえ》、子《こ》づくりのときは岩場《いわば》
生息《せいそく》マップ
南極大陸周辺《なんきょくたいりくしゅうへん》

図《ず》で示《しめ》しているのは子《こ》づくりの場所《ばしょ》です。

6月《がつ》～10月《がつ》 氷《こおり》の上《うえ》で生活《せいかつ》
より暖《あたた》かく、獲物《えもの》がとりやすい海《うみ》に近《ちか》い氷《こおり》の上《うえ》ですごす。

11月《がつ》 上陸《じょうりく》
オス・メスのペンギンは、前《まえ》の年《とし》の11月《がつ》と同《おな》じ場所《ばしょ》へ上陸《じょうりく》。夏《なつ》に生《う》まれたヒナも数年後《すうねんご》には、同《おな》じ場所《ばしょ》で子《こ》づくりをする。

絶壁落下《ぜっぺきらっか》！ ヒナの大冒険《だいぼうけん》

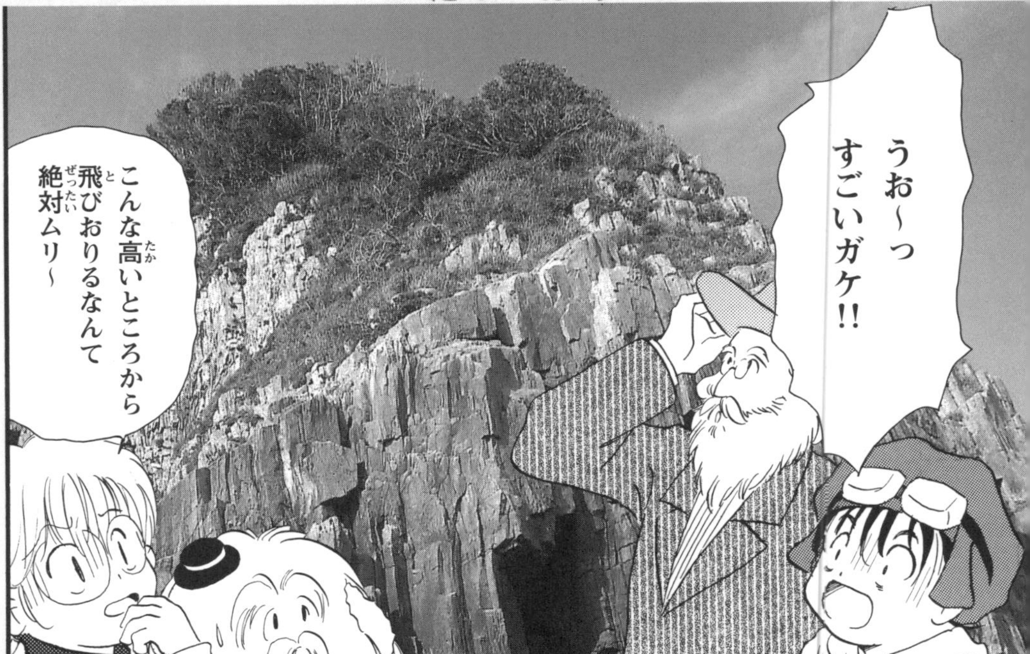

うお〜っ すごいガケ!!
こんな高《たか》いところから飛《と》びおりるなんて絶対《ぜったい》ムリ〜

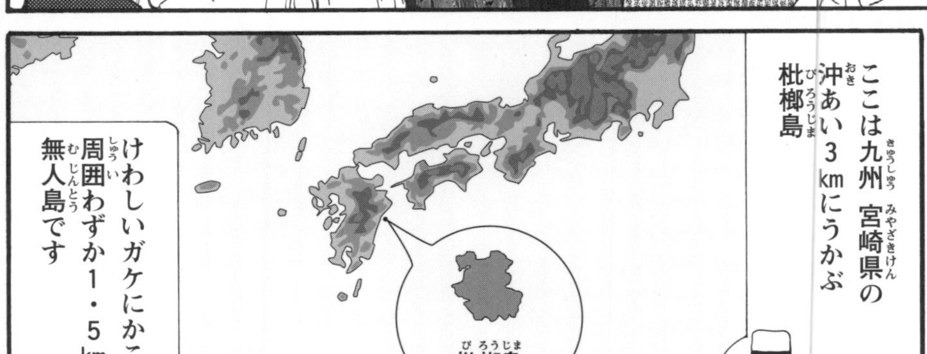

ここは九州《きゅうしゅう》 宮崎県《みやざきけん》の沖《おき》あい3㎞にうかぶ枇榔島《びろうじま》
けわしいガケにかこまれた周囲《しゅうい》わずか1・5㎞の無人島《むじんとう》です
枇榔島《びろうじま》

今日《きょう》の主役《しゅやく》 カンムリウミスズメです
世界《せかい》にわずか数千羽《すうせんば》 アホウドリとならんで 絶滅《ぜつめつ》が心配《しんぱい》されている 海鳥《うみどり》の一つです
大《おお》きさ20cm くらいかな かわいいね
なんかコイツ ペンギンに似《に》てる!?

教《おし》えて！ ダーウィン!!

元祖《がんそ》ペンギン？

むかし、北大西洋《きたたいせいよう》にはオオウミガラスというまったく飛《と》べない鳥《とり》がすんでいました。カンムリウミスズメと同《おな》じ仲間《なかま》の鳥《とり》です。このオオウミガラスはヨーロッパでは「ペンギン」とよばれていました。これが、元祖《がんそ》ペンギンです。

のちに南半球《みなみはんきゅう》で発見《はっけん》されたのが、わたしたちの知《し》っているペンギンです。オオウミガラスと同《おな》じように飛《と》べない鳥《とり》であったことから、こちらも「ペンギン」という名前《なまえ》がつけられました。やがてオオウミガラスは絶滅《ぜつめつ》してしまい、現在《げんざい》のペンギンだけが「ペンギン」とよばれるようになりました。

カンムリウミスズメとペンギンはちがう種類《しゅるい》の鳥《とり》ですが、特徴《とくちょう》がそっくりです。

◀オオウミガラスのはくせい。

羽《は》ばたいても海面《かいめん》スレスレ！
飛《と》ぶのが苦手《にがて》なところもペンギンに似《に》てますな
パシャ
パシャッ
でも泳《およ》ぎは超一流《ちょういちりゅう》です
ちゃぷっ
わあっ水《みず》のなかを飛《と》んでる!!
こうして小魚《こざかな》やプランクトンをとって食《た》べるんです
水《みず》の抵抗《ていこう》を小《ちい》さくして速《はや》く泳《およ》ぐために翼《つばさ》が短《みじか》くなったんです
飛《と》ぶことより泳《およ》ぐことを選《えら》んで進化《しんか》したんですね
そんなかれらが年《ねん》に1度《ど》飛《と》ばないわけにはいかない季節《きせつ》がやってきました

産卵《さんらん》のために枇榔島《びろうじま》の高《たか》いガケに飛《と》んで登《のぼ》るのです
え～っ？大丈夫《だいじょうぶ》か!?
昼間《ひるま》かれらは島《しま》からはなれた沖《おき》あいにいます
島《しま》の地上《ちじょう》にはヘビのような天敵《てんてき》はいないのですが
カラス
ハヤブサやカラスなど空《そら》からの天敵《てんてき》がカンムリウミスズメをねらっています
ハヤブサ
上陸《じょうりく》はかれらがねむってしまう夜《よる》を待《ま》ちます
あっ飛《と》んだ!!

答《こた》えて！ダーウィン

どのようにして島《しま》に上陸《じょうりく》するのですか？

島《しま》へ近《ちか》づいてから、飛《と》びあがります。ふだんは、数《すう》メートルほどしか飛《と》ばないのですが、上陸《じょうりく》のときは30～40ｍ飛《と》びあがるのです。

答《こた》えて！ダーウィン

どのくらいのカンムリウミスズメが枇榔島《びろうじま》で卵《たまご》を産《う》むの？

▼▼▼

枇榔島《びろうじま》には約《やく》3000羽《ば》のカンムリウミスズメが子《こ》どもをつくるためにやってきます。この数《かず》は世界一《せかいいち》です。

がんばって！あと少《すこ》し!!
パタ タタ パタ
ボテッ
あっ 落《お》ち…… いや上陸《じょうりく》したぞ
ああ 気《き》をつけて
歩《ある》くのも苦手《にがて》なのね
これじゃあ昼間《ひるま》はあぶなっかしくて外《そと》を歩《ある》けないいな
岩《いわ》のすき間《ま》に入《はい》ってく
これで一安心《ひとあんしん》だな
あれから数日《すうじつ》……ダーウィンビジョンで岩《いわ》の中《なか》をのぞいてみましょう
わくわく

答《こた》えて！ダーウィン

カンムリウミスズメの夫婦《ふうふ》はなぜ鳴《な》きかわすの？

夫婦《ふうふ》が2日《か》ぶりに会《あ》うときには何時間《なんじかん》も鳴《な》きかわします。生《う》まれてくるヒナに、声《こえ》を覚《おぼ》えさせているのかもしれません。

あっ卵《たまご》を温《あたた》めてる!!
カンムリウミスズメはふつう2個《こ》の卵《たまご》を産《う》みます
夫婦《ふうふ》は約《やく》1か月間《げつかん》交代《こうたい》で卵《たまご》を温《あたた》めます
1羽《わ》が外《そと》へ食事《しょくじ》にでたわ
パタ パタ
外《そと》にでると2日《か》ほどエサをとってもどります
ピジュ ピヂュ
帰《かえ》ってからずっと鳴《な》きかわしていますな……仲《なか》がいいんですなぁ
4月《がつ》も下旬《げじゅん》になりました
こないだの卵《たまご》はどうなったの？

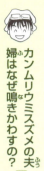

答《こた》えて！ダーウィン

カンムリウミスズメは、どこに巣《す》をつくるの？

石《いし》と石《いし》の間《あいだ》や、岩《いわ》のわれ目《め》などに巣《す》をつくります。カラスやハヤブサなどに見《み》つからない場所《ばしょ》を選《えら》んでいます。

わあ〜っ 卵《たまご》が かえってる!!
ちょうど今日《きょう》 ふ化《か》したばかりの ようですね
ちっちゃいなー フワフワしていて かわいいな
ピョコ
親鳥《おやどり》が 顔《かお》をだしたわ
どこに行《い》くの かしら？
ぴょこ
あれ？ ヒナも でてきたぞ

答《こた》えて!ダーウィン

カンムリウミスズメに仲間《なかま》はいますか?

▼▼▼

日本《にっぽん》で見《み》られるだけでも、ウミスズメ、ウミガラスなど10種類《しゅるい》以上《いじょう》の仲《なか》間《ま》がいるといわれています。

これは カンムリウミスズメの 巣立《すだ》ちなんです ふ化《か》した翌日《よくじつ》の夜《よる》 エサも食《た》べず 飛《と》ぶこともできないうちに かれらは巣《す》をあとにします
ちょっと待《ま》った!!
きましたね ヒゲじい
むちゃくちゃじゃないですか!? ふ化《か》した翌日《よくじつ》に巣立《すだ》ちなんて! ふつう飛《と》べるようになるまで巣《す》のなかで育《そだ》てるもんでしょ
それはですね……
巣《す》のなかでの子育《こそだ》てが
危険《きけん》すぎるからなんです
?

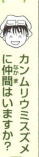

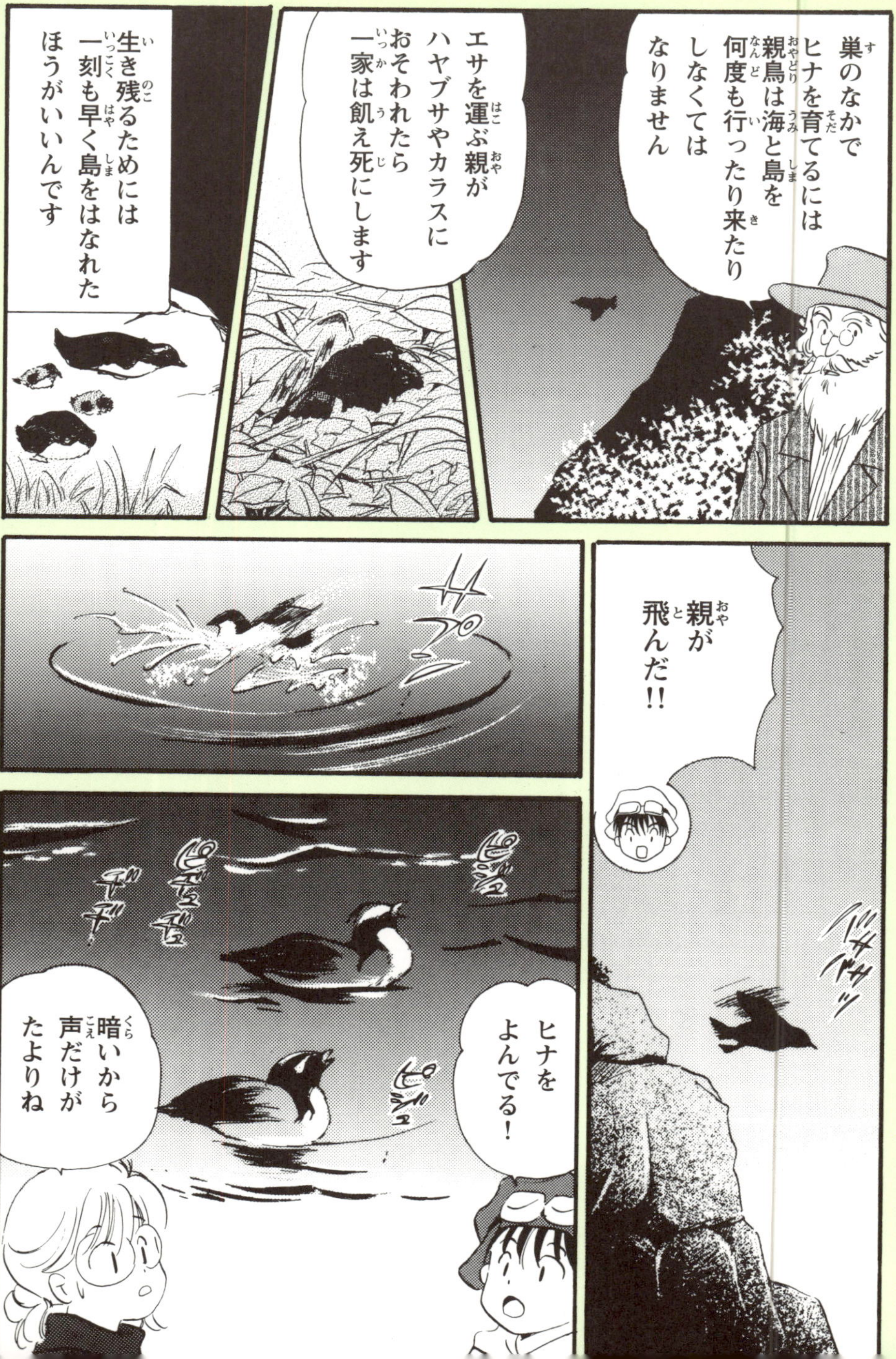
巣《す》のなかでヒナを育《そだ》てるには親鳥《おやどり》は海《うみ》と島《しま》を何度《なんど》も行《い》ったり来《き》たりしなくてはなりません
エサを運《はこ》ぶ親《おや》がハヤブサやカラスにおそわれたら一家《いっか》は飢《う》え死《じ》にします
生《い》き残《のこ》るためには一刻《いっこく》も早《はや》く島《しま》をはなれたほうがいいんです
親《おや》が飛《と》んだ!!
ヒナをよんでる！
ピジュ
暗《くら》いから声《こえ》だけがたよりね

答《こた》えて！ダーウィン

カンムリウミスズメの鳴《な》き声《ごえ》はどんな声《こえ》？

親鳥《おやどり》が、ヒナをよぶときは「ビジュリ・ジュイ・ジュイ」などと鳴《な》きます。ヒナは、その声《こえ》にこたえて「チー・チー」という声《こえ》で鳴《な》きます。

きゃあっ ヒナも飛《と》びおりた!!
あっちこっちでヒナがダイブしてる!!
ボテ
ボテ
うわ～ 大丈夫《だいじょうぶ》ですか～!?
親《おや》の声《こえ》にみちびかれ ヒナは海《うみ》をめざして 飛《と》びおります
ボテ
こちらのヒナは 飛《と》びこむ場所《ばしょ》を 探《さが》しています
ポテ
ポテ

ピ!
あ!!
カニ!?
バタ バタ
ズズ
ズズ
海《うみ》に飛《と》びこむ前《まえ》に命《いのち》を落《お》としてしまう場合《ばあい》もあります
……
……
このヒナも親《おや》のほうに急《いそ》いで向《む》かいます

答《こた》えて！ダーウィン

カンムリウミスズメの海《うみ》での天敵《てんてき》は？

カンムリウミスズメの海《うみ》での生活《せいかつ》は、ほとんど知《し》られていませんが、大《おお》きなサメなどに、のみこまれてしまうこともあると考《かんが》えられています。

答《こた》えて！ダーウィン

親《おや》と再会《さいかい》できなかったヒナはどうなるの？

親鳥《おやどり》たちは、夜《よる》が明《あ》けるころには泳《およ》ぎさってしまいます。残《のこ》されたヒナは、自分《じぶん》で獲物《えもの》をとることができないので、死《し》んでしまいます。

つかれてあきらめちゃったみたい……
ヒナによびかけてる……
また登《のぼ》ろうとしてる!!
親《おや》の声《こえ》が聞《き》こえたのでしょうか!?
がんばれ!!

答《こた》えて！ダーウィン

ほかにも、ヒナが海《うみ》にたどりつけない理由《りゆう》はあるの？

貝《かい》などにはさまれて、海《うみ》へたどりつけないヒナが発見《はっけん》されたことがあります。

答《こた》えて！ダーウィン

カンムリウミスズメは、海《うみ》でどんな生活《せいかつ》をしているの？

上手《じょうず》に泳《およ》ぎながら、小魚《こざかな》などを食《た》べて生活《せいかつ》しています。しかし、そのほかのことはまだわかっていないんです。

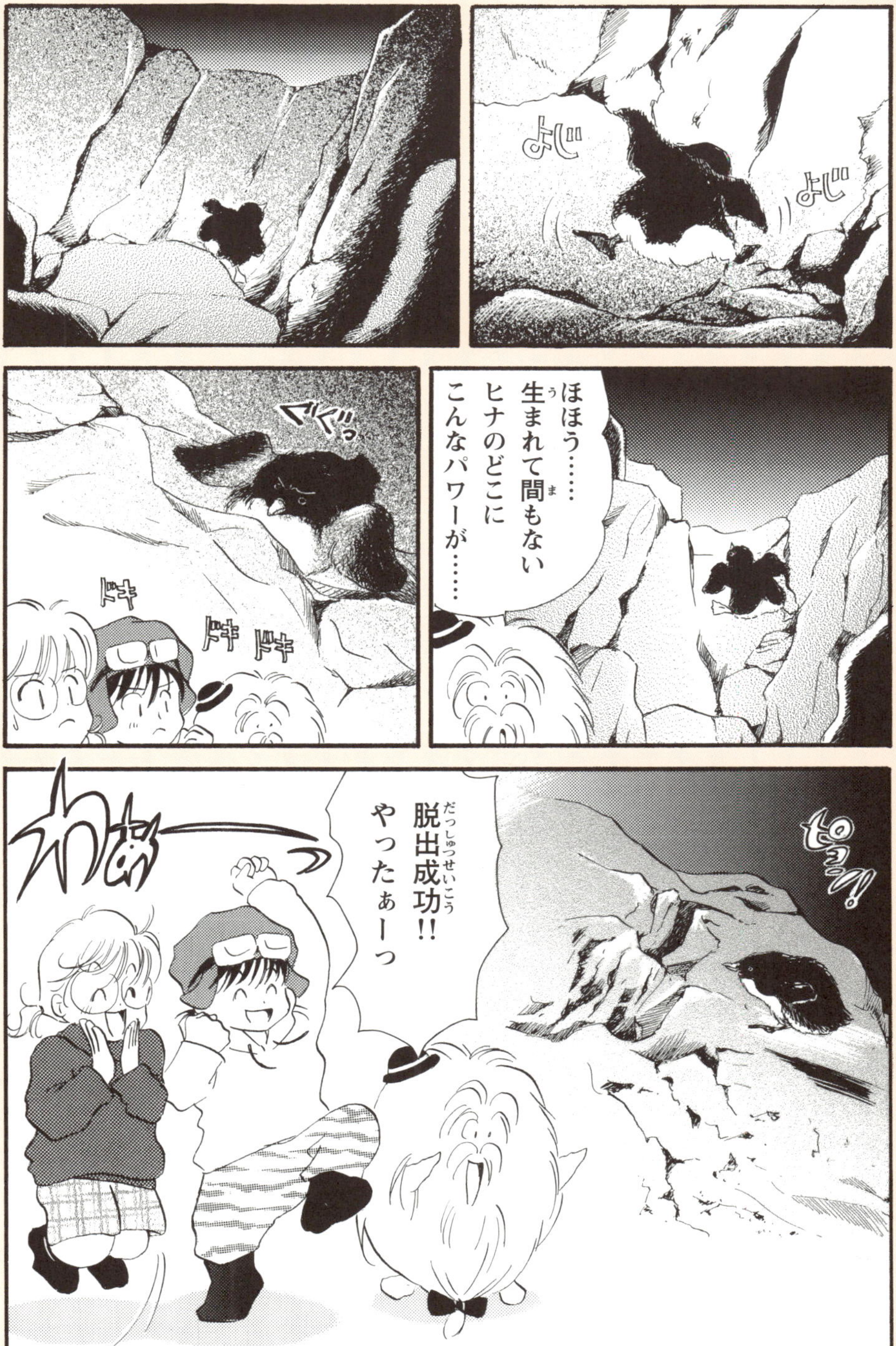
よじ
よじ
ほほう……生まれて間《ま》もないヒナのどこにこんなパワーが……
ぐぐっ
ドキ
ドキ ドキ
ピョコッ!
脱出成功《だっしゅつせいこう》!! やったぁーっ
わぁ

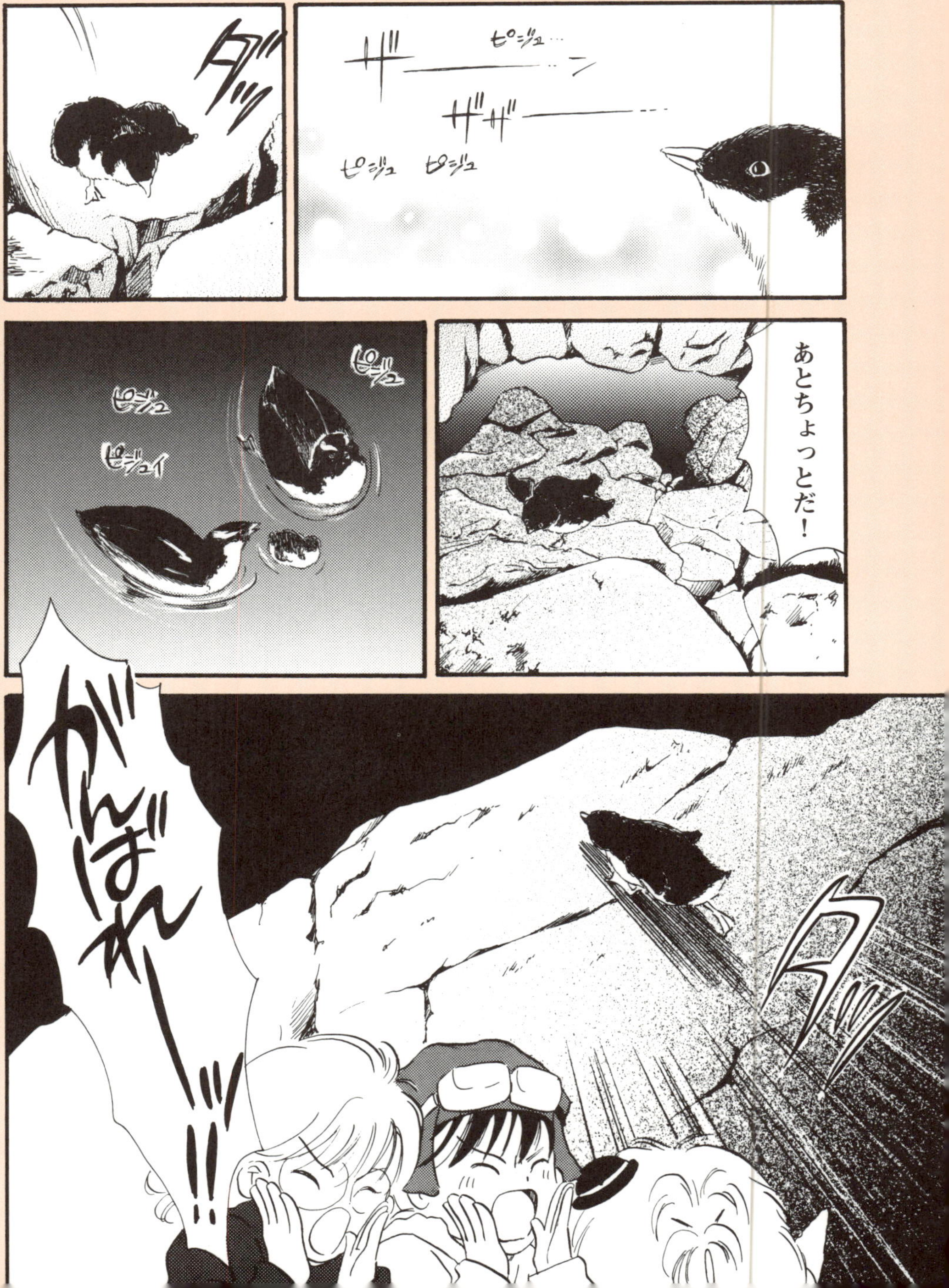
ザ——————ン
ピジュ…
ザザ————
ピジュ　ピジュ
タッ
あとちょっとだ！
ピジュ
ピジュ
ピジュイ
がんばれ——!!!
タッ

答《こた》えて！ダーウィン

カンムリウミスズメの家族構成《かぞくこうせい》を教《おし》えて！

カンムリウミスズメは、ふつう一度《いちど》に2個《こ》の卵《たまご》を産《う》みます。お父《とう》さんとお母《かあ》さん、ヒナ2羽《わ》の4羽《わ》で1つの家族《かぞく》です。

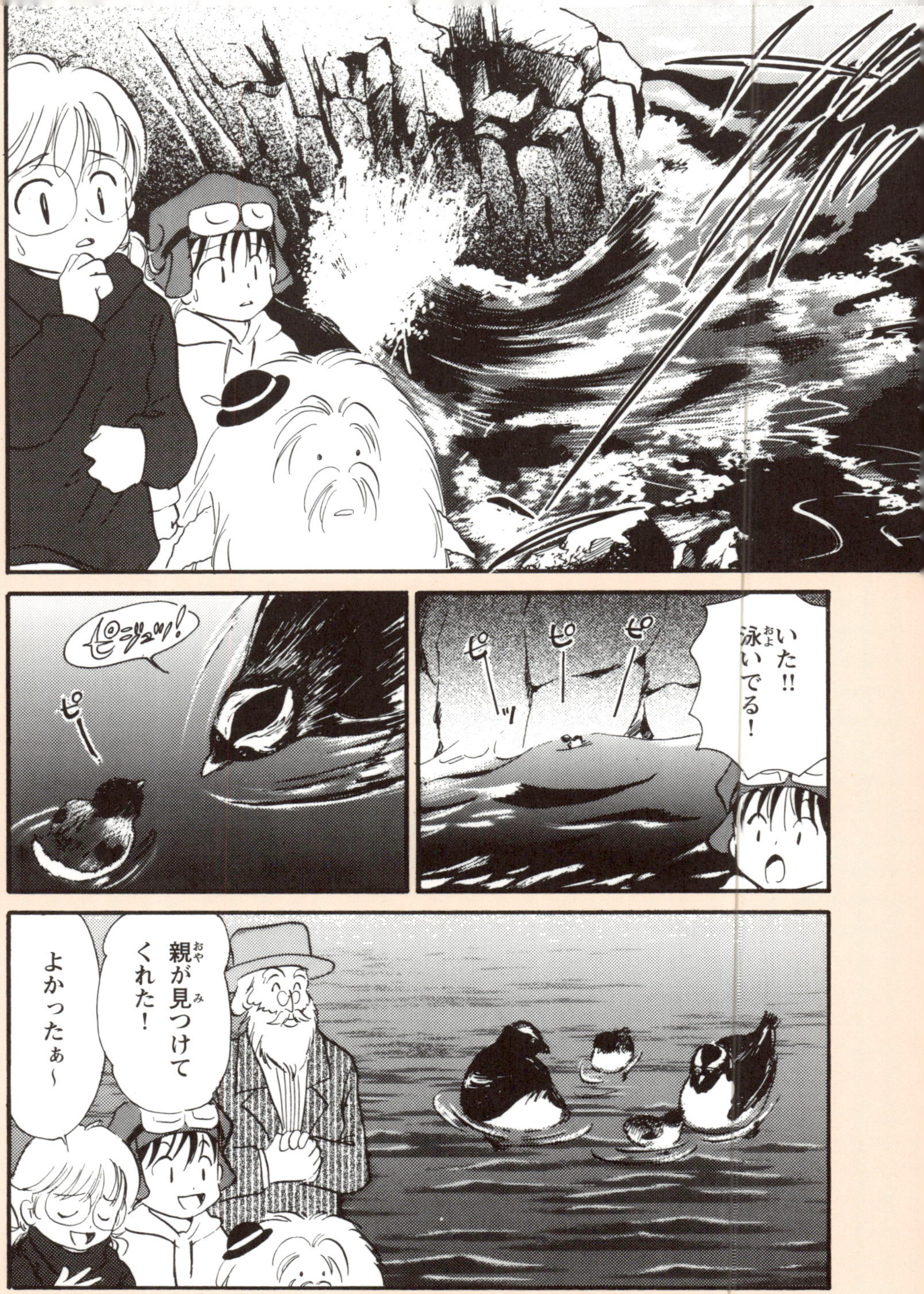
いた!!
泳《およ》いでる!
ピー
ピー
ピーッ
ピジュッ!
ピー
親《おや》が見《み》つけてくれた!
よかったぁ~

親子《おやこ》は すぐ
沖《おき》に泳《およ》ぎだします
ヒナにとって
はじめての
エサです

生《う》まれてすぐにガケから
飛《と》びおりて巣立《すだ》ちする
カンムリウミスズメ
おどろくべきたくましさで
海《うみ》をめざし 親《おや》との再会《さいかい》を
はたしました
かれらにとって
大海原《おおうなばら》こそが
子育《こそだ》ての ゆりかごだったのです

もっと知《し》りたい！
カンムリウミスズメのひみつ

一生《いっしょう》のほとんどを海《うみ》の上《うえ》ですごすカンムリウミスズメ。ペンギンに似《に》ていますが、飛《と》ぶこともできます。カンムリウミスズメのひみつをくわしく見《み》てみましょう！

ヒナのダイブにかんむりょう！

カンムリウミスズメの体《からだ》

羽《はね》

夏《なつ》には、頭《あたま》の羽《はね》がのびて、王様《おうさま》のかんむりのように見《み》える。

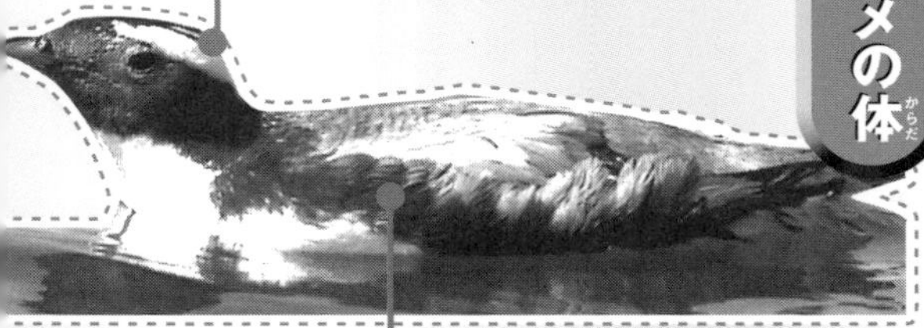

翼《つばさ》

翼《つばさ》が大《おお》きくないので、飛《と》ぶのは苦手《にがて》。しかし、ペンギンのようにまったく飛《と》べないわけではない。

◀短《みじか》い翼《つばさ》を必死《ひっし》に羽《は》ばたかせて、水面《すいめん》ギリギリを飛《と》ぶ。

ヒナ巣立《すだ》ちのダイブ ほんとうに大丈夫《だいじょうぶ》？

50mもあるガケの上《うえ》から、転《ころ》げ落《お》ちて、海《うみ》へと巣立《すだ》つカンムリウミスズメのヒナ。体《からだ》をかなり強《つよ》く打《う》ちつけているようです。わたしたち人間《にんげん》であれば、ケガだけではすまされません。

生《う》まれたばかりのヒナの体重《たいじゅう》は約《やく》15gほどしかありません。ちょうどスポンジのボールと同《おな》じくらいです。また、生《う》まれたときからやわらかい羽《はね》がたくさん生《は》えていて、クッションのような役目《やくめ》をして体《からだ》を守《まも》ります。

カンムリウミスズメのヒナが、巣立《すだ》ちのダイブで、ガケから落《お》ちて死《し》んでしまうことは、あまりありません。

▲巣穴《すあな》のなかで卵《たまご》を温《あたた》める。

カンムリウミスズメ

国《くに》の天然記念物《てんねんきねんぶつ》
体重《たいじゅう》：約《やく》160g
体長《たいちょう》：約《やく》20㎝
食《た》べもの：小魚《こざかな》など
天敵《てんてき》：カラス、ハヤブサ、ネズミなど
すみか：海《うみ》の上《うえ》、子《こ》づくりのときは島《しま》
生息《せいそく》マップ
日本周辺《にっぽんしゅうへん》の温暖《おんだん》な海域《かいいき》

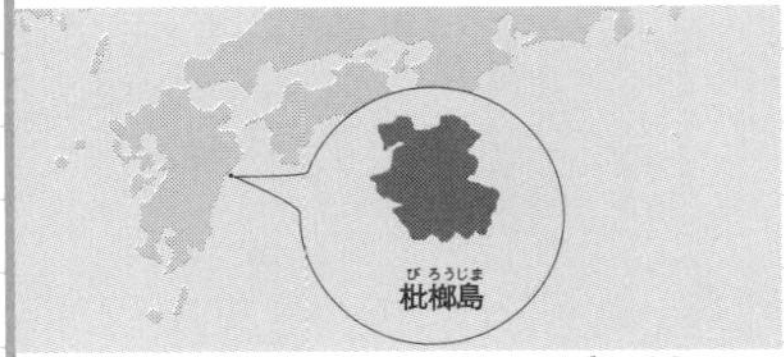

子《こ》づくりの場所《ばしょ》は、枇榔島《びろうじま》や伊豆諸島《いずしょとう》ですが、そのほかの生息地《せいそくち》は、よくわかっていません。

ヒナ

ふ化《か》したばかりのヒナには、すでにフワフワの羽《はね》が生《は》えている。まだ飛《と》ぶことはできないが、すぐに泳《およ》げるようになるので、ふ化《か》した次《つぎ》の日《ひ》に巣立《すだ》つことができる。

▼翼《つばさ》が短《みじか》いので、水《みず》にじゃまされず、器用《きよう》に泳《およ》ぐことができる。

カンムリウミスズメが絶滅《ぜつめつ》しそう！

福岡県《ふくおかけん》の小屋島《こやじま》には、もともとカンムリウミスズメの天敵《てんてき》であるネズミは、すんでいませんでした。しかし、つりをする人《ひと》の船《ふね》からネズミが島《しま》へにげだし、カンムリウミスズメは数《かず》をへらしてしまいました。

枇榔島《びろうじま》では、ネズミのような地上《ちじょう》の天敵《てんてき》は、まだ発見《はっけん》されていません。でも、つりのエサや生《なま》ゴミを島《しま》にすててしまうと、それを目当《めあ》てに、カンムリウミスズメの天敵《てんてき》であるカラスが、島《しま》へよってきてしまいます。

カンムリウミスズメは、みんなで守《まも》らなければならない、めずらしい鳥《とり》なので、国《くに》の天然記念物《てんねんきねんぶつ》に指定《してい》されています。世界《せかい》でも数千羽《すうせんば》しかいません。カンムリウミスズメがこれ以上《いじょう》、数《かず》をへらさないように、わたしたちも考《かんが》えていかなくてはいけません。

知床《しれとこ》 ハンターたちの攻防戦《こうぼうせん》

北海道《ほっかいどう》の知床半島《しれとこはんとう》にやってきました！
知床《しれとこ》は2005年《ねん》に世界自然遺産《せかいしぜんいさん》に登録《とうろく》されたのよ

知床《しれとこ》は北海道《ほっかいどう》の北東《ほくとう》、オホーツク海《かい》につきだした全長約《ぜんちょうやく》70kmの半島《はんとう》です
オホーツク海《かい》
知床半島《しれとこはんとう》
知床《しれとこ》には海《うみ》・川《かわ》・森《もり》がひとつながりになった自然《しぜん》が残《のこ》されています
これからそれを見《み》に行《い》きましょう

今《いま》は10月《がつ》 知床《しれとこ》に秋《あき》が やってきました
紅葉《こうよう》が キレイねー
あれっ 川《かわ》に なにかいる!?
いよいよ 知床《しれとこ》の主役《しゅやく》が 登場《とうじょう》です!
シロザケです
バシャッ
海《うみ》で3～4年《ねん》をすごして 産卵《さんらん》のために 知床《しれとこ》に帰《かえ》ってきました

答《こた》えて! ダーウィン

シロザケって、ふつうのサケとちがうの?

シロザケは、ふつう「サケ」とよばれているものです。見《み》た目《め》や成長《せいちょう》ぐあいで、アキアジ、ケイジなどと魚屋《さかなや》さんでは分《わ》けています。

全長《ぜんちょう》1mにもなるものもいる巨大《きょだい》なサケです
うっわ〜
すごい歯《は》だなー
ホント魚《さかな》っていうよりけものみたいね
この時期《じき》
知床《しれとこ》にやってくるサケは
2000万匹《まんびき》にのぼります
なんと！
カラフトマス500万匹《まんびき》
シロザケ1400万匹《まんびき》
もやってくるんです！
シロザケ 3〜4kg
カラフトマス 1〜2kg

教《おし》えて！ダーウィン!!

どうして生《う》まれた川《かわ》がわかるの？

サケは、産卵《さんらん》のために、生《う》まれた川《かわ》に帰《かえ》ります。ふるさとが、新鮮《しんせん》な水《みず》のわく産卵《さんらん》に適《てき》した川《かわ》であったことを覚《おぼ》えているからです。では、どのようにして帰《かえ》ってくるのでしょうか？

サケは卵《たまご》からかえると川《かわ》を下《くだ》り、海《うみ》で、育《そだ》ちます。日本《にっぽん》から遠《とお》くはなれた海《うみ》でも地《ち》形《けい》や太陽《たいよう》の位置《いち》から、自分《じぶん》のいる場所《ばしょ》を知《し》ることができるといわれています。そして海流《かいりゅう》を利用《りよう》するなどして、何《なん》千《ぜん》キロメートルもの旅《たび》をしたのち、ふるさとの近《ちか》くまで帰《かえ》ってきます。

そこからは、においをかぎ分《わ》けて、自分《じぶん》の生《う》まれた川《かわ》を見《み》つけだします。人間《にんげん》にはわかりませんが、川《かわ》には、それぞれのにおいがあるのです。

◀秋《あき》には、帰《かえ》ってきたサケで川《かわ》はあふれかえる。

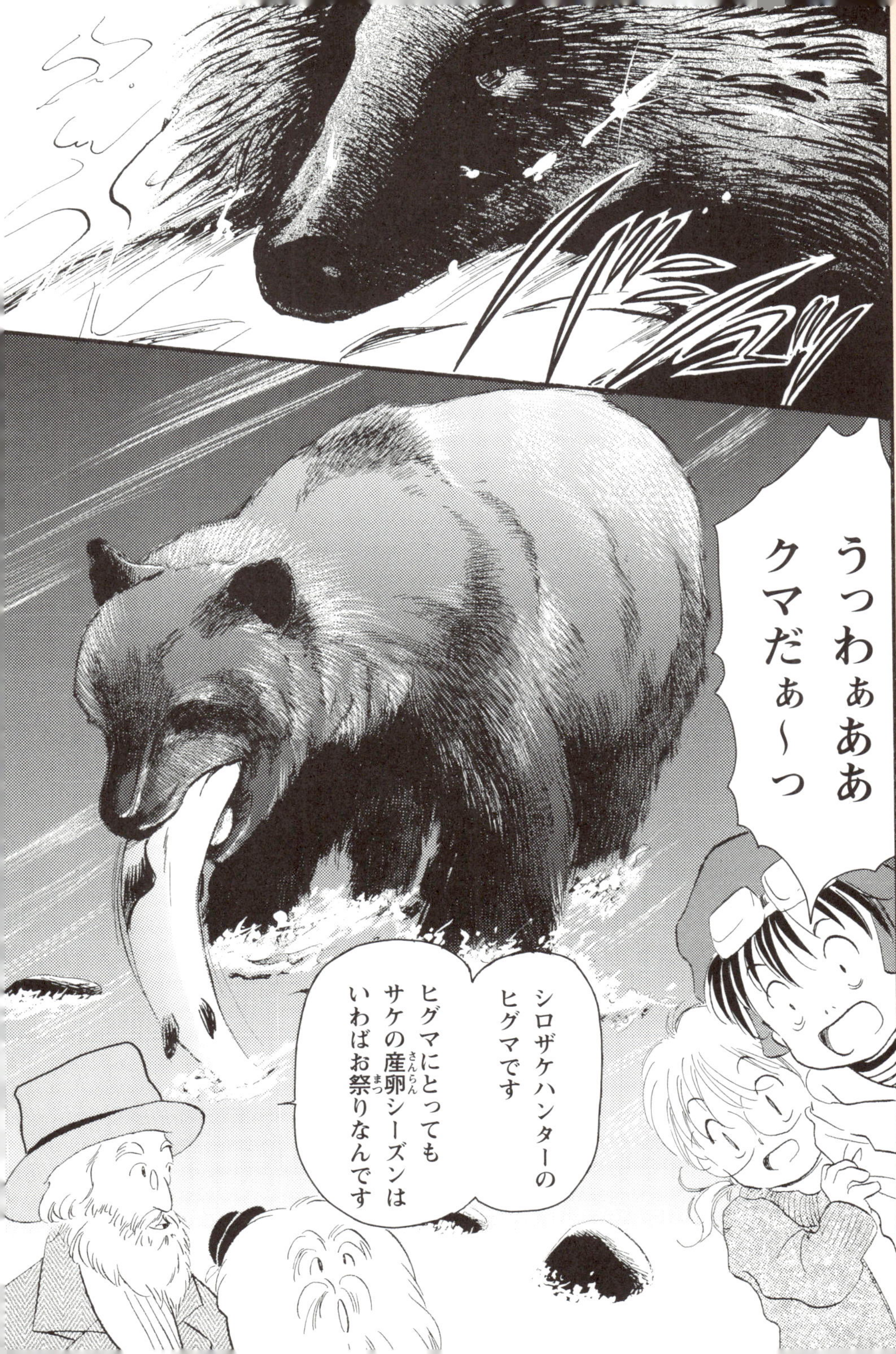

うっわぁあああ
クマだぁ～っ
シロザケハンターの
ヒグマです
ヒグマにとっても
サケの産卵《さんらん》シーズンは
いわばお祭《まつ》りなんです

クマのしゅうげきをのがれたサケたちはさらに上流《じょうりゅう》をめざします
あれ？川《かわ》の水《みず》が……
へってる？
急《きゅう》な地形《ちけい》を流《なが》れる知床《しれとこ》の川《かわ》は数日《すうじつ》で水《みず》かさが増《ま》したりいっきにひいたりします
バシャ
バシャ
ありゃりゃりゃ浅瀬《あさせ》にとり残《のこ》されてしまったようですぞ
サーモンダイだサケだけに
!!!
ズル…
うわ～なんだあの鳥《とり》～
あれはオジロワシです翼《つばさ》を広《ひろ》げると2mにもなる巨大《きょだい》なワシです
知床《しれとこ》って巨大《きょだい》な生《い》き物《もの》ばっかりね

サケはねむらないの？

サケは、脳《のう》がねむらず、体《からだ》だけがねむる「原始睡眠《げんしすいみん》」をします。しかし、まぶたがないので目《め》をとじず、ねむっているかわかりにくいのです。

夜《よる》になりました
すっごいまっくら〜
なんにも見《み》えナイト・・・
町《まち》の明《あ》かりがないと夜《よる》ってこんなに暗《くら》いんだな
ここではみなさん暗《くら》やみでもよく見《み》えるダーウィンゴーグルをつけてください
ちゃっ
ちゃっ
ちゃっ
おおっサケが見《み》える！
サケって夜《よる》も休《やす》まずに川《かわ》をのぼるのね
あっ
ヒグマ!!

ザパッ
夜《よる》も狩《か》りをしているのね
冬《ふゆ》ごもりをひかえた秋《あき》ヒグマは夜《よる》もひんぱんに狩《か》りをします
この時期《じき》に食《た》べる量《りょう》は夏《なつ》の3～4倍《ばい》体重《たいじゅう》は25%も増《ふ》えます

教《おし》えて！ ダーウィン!!

魚《さかな》とり名人《めいじん》はだれ？

知床《しれとこ》の川《かわ》にもどってくる魚《さかな》をねらう、たくさんの動物《どうぶつ》たち。そこには、それぞれのユニークな狩《か》りの工夫《くふう》がありました。

オオワシやオジロワシは、もちあげられないほどの大《おお》きな魚《さかな》は、岸《きし》までひきずって運《はこ》びます。キタキツネは、もともとは死《し》んだ魚《さかな》を食《た》べていたのですが、経験《けいけん》と学習《がくしゅう》をつみ、今《いま》では生《い》きている魚《さかな》もつかまえるようになりました。

なかでもいちばんの魚《さかな》とり名人《めいじん》はヒグマです。狩《か》りの成功率《せいこうりつ》が、80%以上《いじょう》のヒグマもいます。魚《さかな》がたくさんいるときには、好物《こうぶつ》の卵《たまご》や氷頭《ひず》とよばれる頭《あたま》の部分《ぶぶん》しか食《た》べないヒグマもいます。ヒグマは、じつはグルメなのです。

◀サケのおなかにかみついて、卵《たまご》を食《た》べるヒグマ。

ボーーッ
ボーーッ
なんの声《こえ》？
また大《おお》きい鳥《とり》だ!!
シマフクロウです
翼《つばさ》を広《ひろ》げると2ｍ近《ちか》くある
世界最大級《せかいさいだいきゅう》のフクロウです
ダーウィン博士《はかせ》
うれしそうですね
日本《にっぽん》では北海道《ほっかいどう》に
わずか120羽《わ》しか
生息《せいそく》していないんです
まさかこんな近《ちか》くで
見《み》られるとは……
おみごと!!

シロザケが小《ちい》さく見《み》えますな
あのサケも80cm 4kgくらいありそうですよ
シマフクロウのあしはとても強《つよ》いんです
巨大《きょだい》なサケを片《かた》あしでおさえこんでいます
見《み》て！またなにか来《き》たわ！
サケハンターのキタキツネですね
シマフクロウの獲物《えもの》をねらってる！
やるなあ
うわっ ふくらんだ!!

答《こた》えて！ダーウィン

シマフクロウは、どうして夜《よる》でも狩《か》りができるの？

大《おお》きな黄色《きいろ》の目《め》は暗《くら》やみでも、獲物《えもの》を見《み》つけることができます。また耳《みみ》がとてもよく、獲物《えもの》のわずかな動《うご》きも聞《き》きつけます。

答《こた》えて！ダーウィン

キタキツネには、なわばりがあるの？

▼▼▼

キタキツネは、それぞれになわばりをもって生活《せいかつ》しています。しかし、サケが帰《かえ》ってくる季節《きせつ》には、自分《じぶん》のなわばりをはなれ、川《かわ》に集《あつ》まるのです。

……
ダッ
あーあ 残念《ざんねん》だったね
フクロウ対《たい》 キタキツネは フクロウの勝《か》ちかぁ
パシャッ
おっ
今度《こんど》はなんだ？
あっ さっきの キタキツネ！
浅瀬《あさせ》で小《ちい》さいのを ゲットしたよう ですな
なぁんだ狩《か》り うまいじゃん 自分《じぶん》でとろうよー

キタキツネは浅瀬《あさせ》に追《お》いこんだり弱《よわ》ったりした魚《さかな》をねらうんです
そのため狩《か》りの成功率《せいこうりつ》はなかなかのものなんですよ
ハンターたちは真《ま》っ暗《くら》やみでもたたかってるんだな…
カッコいいーな…
サケにしたら「夜《よる》の狩《か》りハンターイ！」でしょうな
ふぁあ
夜《よる》なのにみんな元気《げんき》ねー
バシャ
バシャ
バシャッ
なんだか川《かわ》がさわがしいな
なにか起《お》こってるの？

答《こた》えて！ダーウィン

キタキツネは、ほかになにを食《た》べるの？

ネズミの仲間《なかま》をよく食《た》べます。しかし、昆虫《こんちゅう》や果物《くだもの》や、人間《にんげん》のだすゴミなどなんでも食《た》べます。シカの子《こ》どもをおそうこともあります。

メスをめぐって オス同士《どうし》が あらそって います
はげしい魚《さかな》！ あの すごい歯《は》が 今役《いまやく》に立《た》つんだな
ここで勝《か》たないと 子孫《しそん》を残《のこ》せない から必死《ひっし》です
カップルになったサケは 色《いろ》がちがうの？
サケは産卵期《さんらんき》が近《ちか》づくと 体《からだ》の色《いろ》がかわったり まだらもようが あらわれたりします
産卵《さんらん》が はじまりました
メスは約《やく》3000個《こ》の卵《たまご》を 3〜4回《かい》に分《わ》けて産《う》みます

答《こた》えて！ダーウィン

大《おお》むかしは、人間《にんげん》もサケをとるハンターだったの？

▼▼▼

川《かわ》のほとりに家《いえ》のあとが残《のこ》っていることから、縄文時代《じょうもんじだい》には冬《ふゆ》にそなえてサケをとっていたようです。今《いま》も漁《りょう》はおこなわれています。

答《こた》えて！ダーウィン

カラフトマスってサケの仲間《なかま》なの？

▼▼▼

カラフトマスもサケの仲間《なかま》です。シロザケと同《おな》じように海《うみ》で成長《せいちょう》し、知床《しれとこ》の川《かわ》に帰《かえ》ってきます。英語《えいご》ではどちらも「サーモン」です。

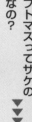

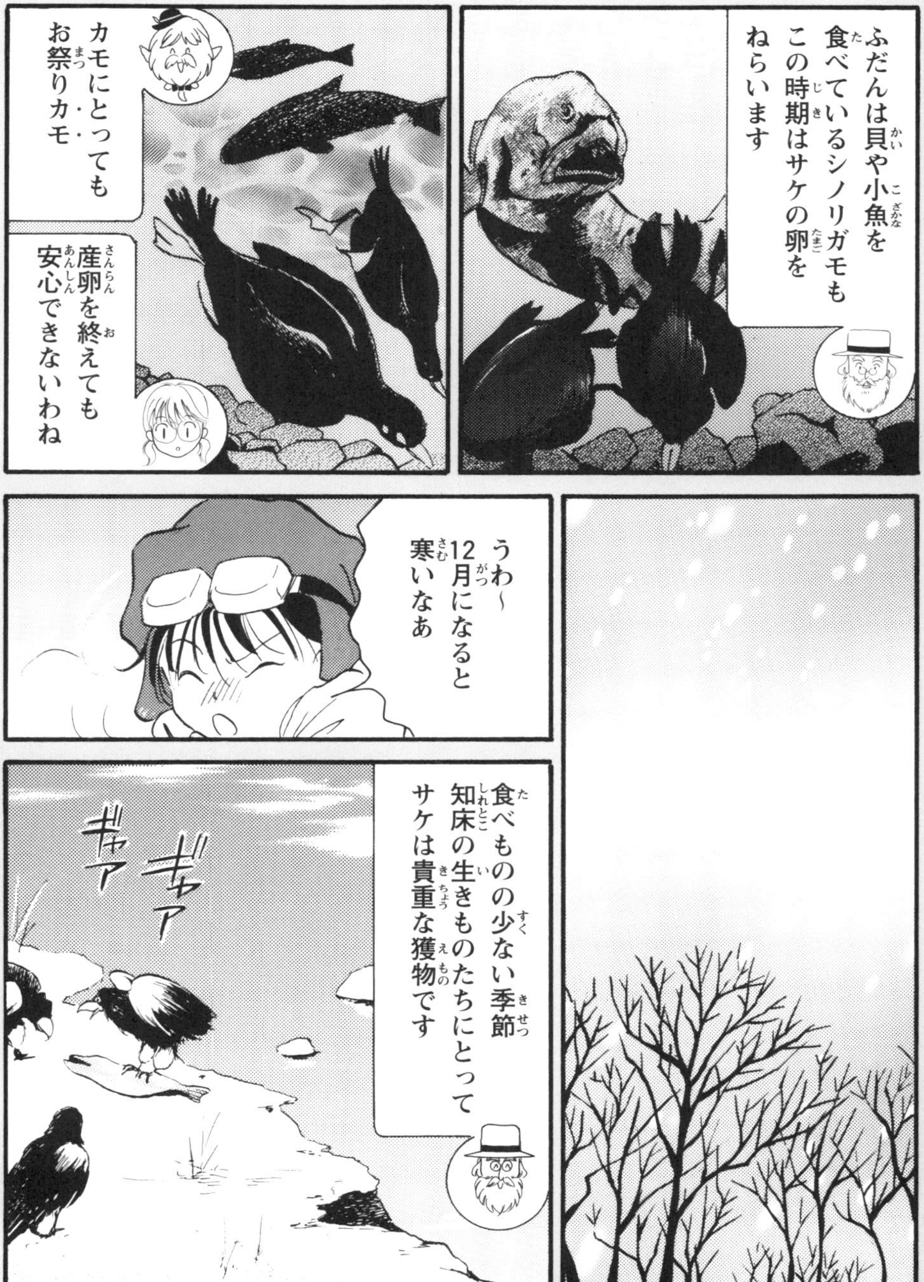
ふだんは貝《かい》や小魚《こざかな》を
食《た》べているシノリガモも
この時期《じき》はサケの卵《たまご》を
ねらいます
カモにとっても
お祭《まつ》りカモ・・
産卵《さんらん》を終《お》えても
安心《あんしん》できないわね
うわ～
12月《がつ》になると
寒《さむ》いなあ
食《た》べものの少《すく》ない季節《きせつ》
知床《しれとこ》の生《い》きものたちにとって
サケは貴重《きちょう》な獲物《えもの》です
ギャア
ギャア

答《こた》えて！ダーウィン

シノリガモってどんな鳥《とり》？▼▼▼

ロシアなど寒《さむ》いところで生活《せいかつ》していて、冬《ふゆ》になると知床《しれとこ》にやってきます。ふだんは海《うみ》にいますが、子《こ》づくりの季節《きせつ》になると川《かわ》にやってきます。

あそこでサケを
とりあっているのは
オオワシです
翼《つばさ》を広《ひろ》げると2・5mの
大型《おおがた》のワシです
冬《ふゆ》になるとシベリアや
サハリンからやってきます
サク…
ザッ

教《おし》えて！ダーウィン!!

サケは卵《たまご》を産《う》んだら……？

産卵《さんらん》後《ご》、サケのオスは1週間《しゅうかん》、メスは2週間《しゅうかん》ほどで死《し》んでしまいます。よい環境《かんきょう》で産卵《さんらん》することこそ、サケの最期《さいご》の大仕事《おおしごと》なのです。一生《いっしょう》に一度《いちど》きりの産卵《さんらん》を終《お》えたサケは、力《ちから》を使《つか》いはたして息《いき》をひきとっていくのです。

サケたちは、体中《からだじゅう》を傷《きず》だらけにしながら、川《かわ》をのぼります。産卵《さんらん》する場所《ばしょ》を見《み》つけると、メスは、卵《たまご》が安全《あんぜん》にふ化《か》するための穴《あな》をほります。メスに産卵《さんらん》をうながすのは、オスの役目《やくめ》です。

産卵《さんらん》の瞬間《しゅんかん》、オスもメスも口《くち》をいっぱいに開《ひら》きます。これは、わたしたちが歯《は》を食《く》いしばるのと同《おな》じこと。サケは、新《あたら》しい命《いのち》の誕生《たんじょう》に、必死《ひっし》で力《ちから》を使《つか》うのです。

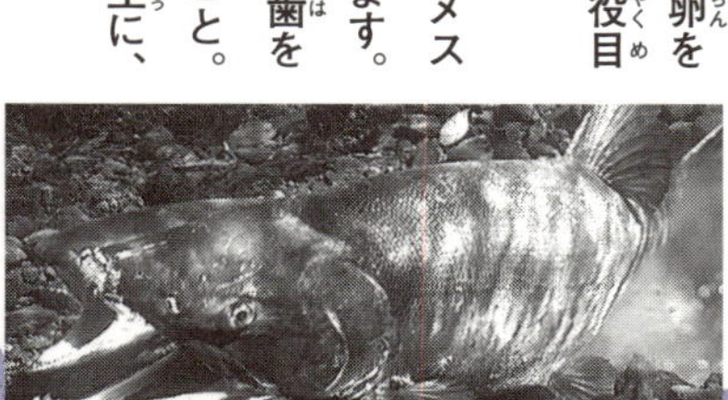
◀産卵《さんらん》の瞬間《しゅんかん》、口《くち》を大《おお》きく開《あ》けるサケ。

答《こた》えて! ダーウィン

オジロワシはなにをよく食《た》べるの?

▼▼▼

オジロワシは魚《さかな》や水鳥《みずとり》など、水辺《みずべ》にくらす生《い》きものを食《た》べています。知《しれ》床《とこ》では、狩《か》りはほとんど海《うみ》でおこないます。

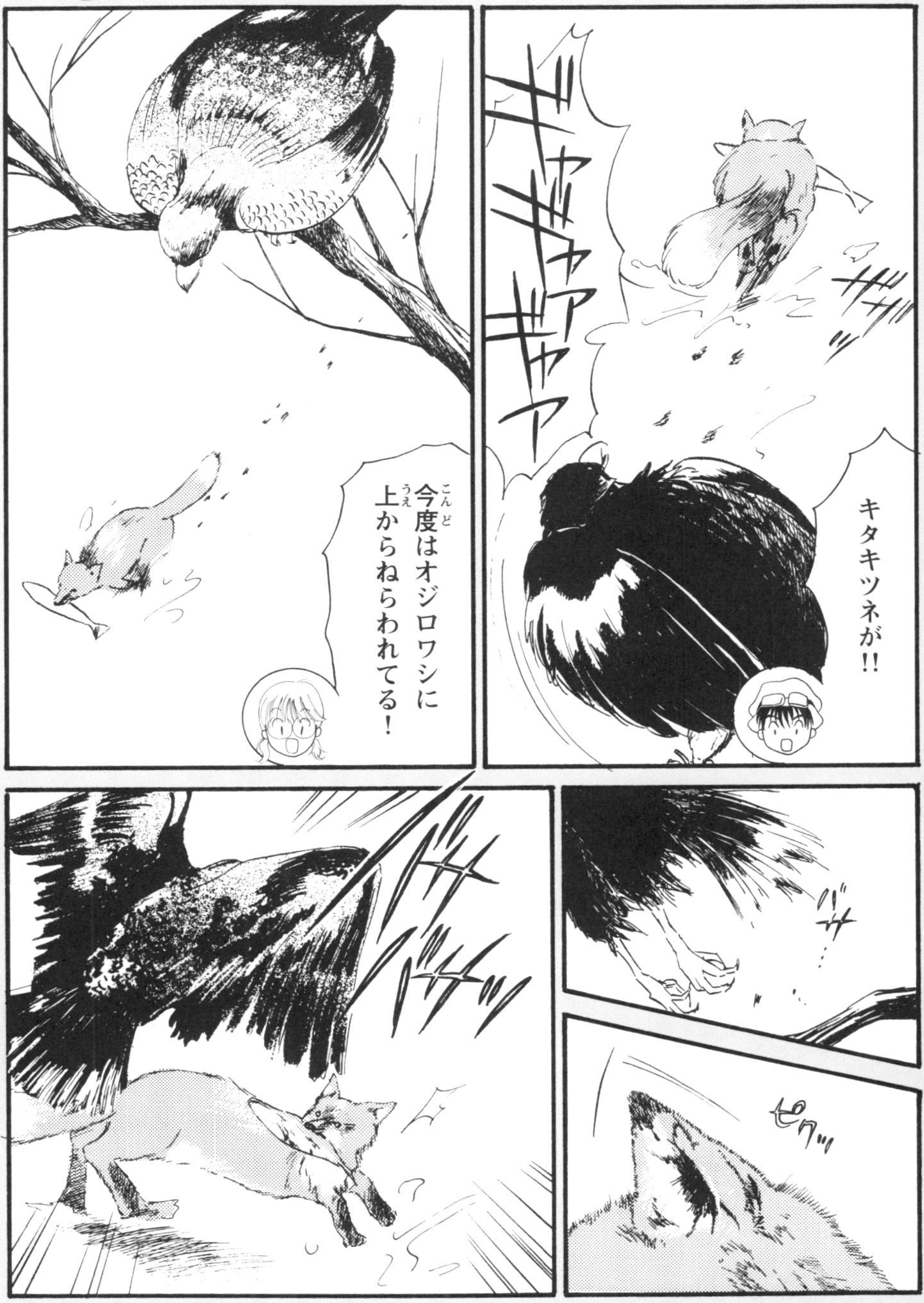
キタキツネが!!
今度《こんど》はオジロワシに上《うえ》からねらわれてる!
ピクッ

答《こた》えて！ダーウィン

卵《たまご》からかえったばかりのサケの食《た》べものは？

ふ化《か》したサケのおなかには、栄養《えいよう》がつまった「さいのう」というふくろがついてます。さいのうから栄養《えいよう》を吸収《きゅうしゅう》して成長《せいちょう》するのです。

今回《こんかい》はみごとに獲物《えもの》をうばいきりましたな
ハンター同士《どうし》でも油断《ゆだん》できないな
知床《しれとこ》に本格的《ほんかくてき》な冬《ふゆ》がやってきました
卵《たまご》がかえってる!!

サケの子《こ》どもは あと2か月《げつ》 石《いし》の下《した》ですごしたあと 海《うみ》へ旅立《たびだ》ちます
そしていつかまた この川《かわ》にもどって くることでしょう
世界自然遺産《せかいしぜんいさん》 北海道《ほっかいどう》・知床《しれとこ》
夏《なつ》から秋《あき》にかけて おしよせる サケの大群《たいぐん》
それをめぐって ハンターたちの 命《いのち》をかけたたたかいが くりひろげられていました
すべてを受《う》けいれる 知床《しれとこ》の奥深《おくぶか》さを 知《し》った旅《たび》でした

もっと知《し》りたい！
知床《しれとこ》ハンターたちのひみつ

秋《あき》になると、サケなどの魚《さかな》たちは、知床《しれとこ》の川《かわ》にもどってきます。動物《どうぶつ》たちにとっては、待《ま》ちに待《ま》った大《おお》ごちそう。知床《しれとこ》の川《かわ》は、魚《さかな》をねらうハンターたちで大《おお》にぎわいです。

知床《しれとこ》ハンター大集合《だいしゅうごう》！

ヒグマ

大《おお》きなものは、体重《たいじゅう》が400kgもある。海岸《かいがん》に打《う》ちあげられたミンククジラを食《た》べることもある。

▲かんたんにサケをつかまえる。

キタキツネ

本州《ほんしゅう》にいるキツネよりもやや大《おお》きい。魚《さかな》だけではなく、キノコや虫《むし》、ネズミなども食《た》べる。

▼暗《くら》やみで獲物《えもの》をとらえた。

攻防戦《こうぼうせん》の裏側《うらがわ》

秋《あき》に、海《うみ》から知床半島《しれとこはんとう》の川《かわ》にもどってきた魚《さかな》たちをめぐって、ハンターたちは攻防戦《こうぼうせん》をくりひろげます。しかし、それだけではありません。

魚《さかな》たちは、死《し》んで土《つち》にかえったり、動物《どうぶつ》たちに食《た》べられ、やがてフンになったりして森《もり》を豊《ゆた》かにします。森《もり》から川《かわ》へ流《なが》れでる栄養《えいよう》は、卵《たまご》からかえった魚《さかな》たちを育《そだ》てます。成長《せいちょう》した魚《さかな》たちは、海《うみ》へと旅立《たびだ》っていきます。そして、その魚《さかな》たちは、また知床《しれとこ》の川《かわ》へもどってきます。

このように、海《うみ》からもどった魚《さかな》たちの命《いのち》は、森《もり》をめぐり、川《かわ》の新《あたら》しい命《いのち》を海《うみ》へとどけます。

ハンターたちの攻防戦《こうぼうせん》は、命《いのち》のリレーの一部分《いちぶぶん》なのです。

◀知床半島《しれとこはんとう》。

知床《しれとこ》ハンターの好物《こうぶつ》!

オジロワシ

冬《ふゆ》になると、知床《しれとこ》へやってくる。なかには一年中《いちねんじゅう》、北海道《ほっかいどう》で生活《せいかつ》しているものもいる。

▲とらえた魚《さかな》や鳥《とり》の肉《にく》を、するどいくちばしでひきさく。

▲夜《よる》でもよく見《み》える黄色《きいろ》の大《おお》きな目《め》。

シマフクロウ

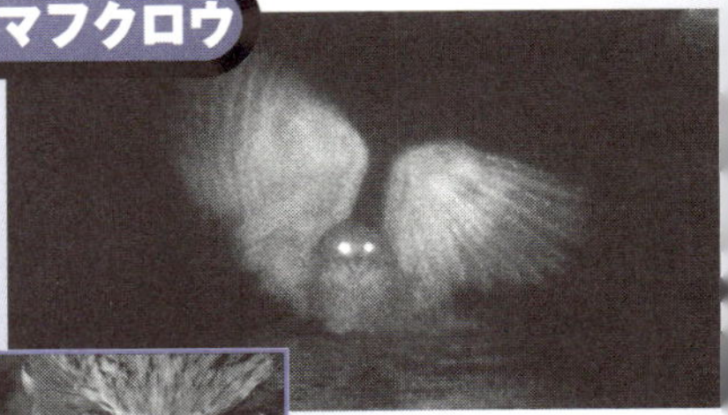

世界《せかい》でいちばん大《おお》きいフクロウの仲《なか》間《ま》。小《ちい》さな魚《さかな》やネズミなどは、丸《まる》のみしてしまう。

シロザケ

シロザケは、生《う》まれて2か月《げつ》ほどで海《うみ》にでる。早《はや》いもので1年《ねん》、おそいもので6年《ねん》くらいで、卵《たまご》を産《う》むためにふるさとの川《かわ》へ帰《かえ》ってくる。

オオワシ

ワシの仲間《なかま》で、いちばん大《おお》きい。オホーツク海周辺《かいしゅうへん》などで子《こ》どもを産《う》み育《そだ》て、10〜11月《がつ》に知床《しれとこ》へやってくる。

知床半島《しれとこはんとう》

北海道《ほっかいどう》の北東《ほくとう》にある半島《はんとう》。
流氷《りゅうひょう》がやってくる世界最南端《せかいさいなんたん》の地《ち》としても有名《ゆうめい》。

世界自然遺産《せかいしぜんいさん》ってなに？

世界自然遺産《せかいしぜんいさん》とは、世界《せかい》の国々《くにぐに》が定《さだ》めた、貴重《きちょう》な自然《しぜん》のある場所《ばしょ》です。

知床半島《しれとこはんとう》は、海《うみ》から森《もり》へとつながる自然環境《しぜんかんきょう》と、生息《せいそく》する生《い》きものたちの価値《かち》が認《みと》められ、2005年《ねん》に世界自然遺産《せかいしぜんいさん》に登録《とうろく》されました。

知床《しれとこ》は、日本《にっぽん》だけでなく世界中《せかいじゅう》の人《ひと》たちにとって大切《たいせつ》な場所《ばしょ》なのです。

取《しゅ》材《ざい》ウラ話《ばなし》

「ライオン新王《しんおう》 誕生《たんじょう》！」

担当《たんとう》ディレクター
橋場利雄《はしばとしお》

ほんとうは、オスライオン同士《どうし》の命《いのち》をかけたたたかいが撮《と》りたかったんですよ。でも、わたしが見《み》たライオンたちは、殺《ころ》しあうようなケンカはしませんでした。どちらが強《つよ》いかをくらべることで、勝敗《しょうはい》を決《き》めていたのです。殺《ころ》しあう必要《ひつよう》はないんですよ。そのことをライオンたちは、本能《ほんのう》でわかってるんですよね。これは、大発見《だいはっけん》でした！

「オオカミのおきて」「野生《やせい》パンダに大接近《だいせっきん》！」

担当《たんとう》ディレクター
小林達彦《こばやしたつひこ》

シンリンオオカミは、森《もり》のなかにすんでいて、観察《かんさつ》するのがとてもむずかしい動物《どうぶつ》なんです。世界《せかい》でほぼはじめて、大接近《だいせっきん》して撮影《さつえい》することができました。じつは、あの家族《かぞく》もとちゅうで、どこへ行《い》ってしまったのかわからなくなったんです。でも、最後《さいご》にはトナカイを追《お》うすがたを飛行機《ひこうき》で発見《はっけん》して、撮影《さつえい》できたときには感動《かんどう》しました。

今回《こんかい》は、野生《やせい》のパンダが子《こ》どもを産《う》むシーンがどうしても撮影《さつえい》したかったのです。そこで、メスが子《こ》どもを産《う》みそうな岩穴《いわあな》を3つ探《さが》しだし、そのうちの2つにカメラをしかけたんです。ところが、しかけてない岩《いわ》穴《あな》で子《こ》どもを産《う》んでしまったのです！ けいかい心《しん》が強《つよ》いパンダのこと、カメラに気《き》づいてしまったのかもしれません。

「ダーウィンが来《き》た！」

ダジャレ担当《たんとう》
ヒゲじい

ヒゲじいの
ウラ話《ばなし》ハナシ！

ダーウィンが来た! 生きもの新伝説　担当《たんとう》ディレクターは、現場《げんば》で見《み》た!

「石《いし》は宝《たから》! 南極《なんきょく》ペンギン」

担当《たんとう》ディレクター　大木義之《おおきよしゆき》

石《いし》をぬすむアデリーペンギンのメスを撮《と》るのは、たいへんでした。数万羽《すうまんば》のなかで、どこのメスがぬすむかは、わかりませんから、ずっと見張《みは》っていなくてはなりませんでした。

ショックだったのは、南極《なんきょく》に雨《あめ》がふったこと。死《し》んでいくヒナを見《み》たときには、とてもつらいけど、みんなにちゃんと伝《つた》えなくてはいけないと思《おも》いました。

「絶壁落下《ぜっぺきらっか》! ヒナの大冒険《だいぼうけん》」

担当《たんとう》ディレクター　白川裕之《しらかわひろゆき》

今回《こんかい》、カンムリウミスズメの親鳥《おやどり》がヒナにエサをあたえるシーンの撮影《さつえい》に世界《せかい》ではじめて成功《せいこう》しました。

心《こころ》に残《のこ》っているのは、ヒナが荒《あ》れた海《うみ》に飛《と》びこんだすぐあとのこと。必死《ひっし》でヒナを探《さが》す親鳥《おやどり》の声《こえ》と親鳥《おやどり》をよぶヒナの声《こえ》が、暗《くら》やみの無人島《むじんとう》にひびきわたってきたのです。親子《おやこ》の深《ふか》いきずなを目《め》の前《まえ》にして、感動《かんどう》しました。

「知床《しれとこ》ハンターたちの攻防戦《こうぼうせん》」

担当《たんとう》ディレクター　北誠《きたまこと》

12月《がつ》の知床《しれとこ》は、ほんとうに寒《さむ》くて、夜《よる》になるとマイナス10度《ど》近《ちか》くになる日《ひ》が続《つづ》くのです。いつ来《く》るのかわからない動物《どうぶつ》たちのために、夜《よる》でも車《くるま》のサンルーフを開《あ》けっぱなしにして、カメラをかまえて待《ま》っていました。そのおかげで、夜《よる》のオジロワシやヒグマなどの映像《えいぞう》が撮《と》れました。それにしても、ほんとうに寒《さむ》かったな〜。

【制作協力】　ＮＨＫエンタープライズ
佐々木元　田附英樹
紅粉達広　後藤克彦
【監修】　今泉忠明「オオカミのおきて」
上田一生「石は宝！ 南極ペンギン」
【写真提供】　アマナイメージズ　カバー、p1
iStockphoto.com　カバー
内山晟　p30（右上）
アドベンチャーワールド　p56、p70・71（中央）、p70（左下）
遠藤秀紀　p71（右上）
岩合光昭　p1、p2（左上）、p6、p4、p66、p71（左上）
【装丁】　株式会社ダイアートプランニング
【本文デザイン】　桜庭文一 ＋ ciel inc.
【編集】　オフィス303

発見《はっけん》！ マンガ図鑑《ずかん》
NHK《エヌエイチケー》ダーウィンが来《き》た！ 新装版《しんそうばん》
野生《やせい》のおきて サバイバル編《へん》

2008年3月15日　初版　第1刷発行
2019年2月15日　新装版　第2刷発行

【編纂】　講談社《こうだんしゃ》
【原作】　ＮＨＫ《エヌエイチケー》「ダーウィンが来《き》た！」
【漫画】　戸井原和巳《といはらかずみ》

【発行者】
渡瀬 昌彦

【発行所】
株式会社講談社

東京都文京区音羽 2-12-21（〒112-8001）
TEL 編集：03（5395）3542　販売：03（5395）3625　業務：03（5395）3615
【印刷所】　共同印刷株式会社
【製本所】　大口製本印刷株式会社

N.D.C. 400 135p 21cm

ISBN978-4-06-220539-9